高等学校机械类专业系列教材

互换性与测量技术基础
学习指导及习题集

主　编　万一品

副主编　贾　洁

主　审　宋绪丁

西安电子科技大学出版社

内 容 简 介

本书是编者在总结多年教学研究与教学实践的基础上，结合课程建设和改革的实践要求，从辅助教学和帮助学生掌握基本知识的角度，吸取众家之长编写而成的。

本书共 6 章，包括绪论、尺寸公差与配合、几何公差、表面粗糙度、典型零部件公差与检测和测量技术基础，各章均给出了学习指导、典型例题和习题。学习指导部分介绍了每章的重点、难点及学习方法与知识体系。典型例题和习题部分题型新颖多样，有名词解释、填空、判断、选择、计算、标注和改错等。附录部分给出了模拟试卷。

本书适用于高等工科院校机械类和近机械类各专业的互换性与技术测量课程辅助教学，也可供从事机械设计、机械制造、标准化和计量测试等工作的各类工程技术人员参考使用。

图书在版编目(CIP)数据

互换性与测量技术基础学习指导及习题集 / 万一品主编. —西安：西安电子科技大学出版社，2021.12
ISBN 978-7-5606-6145-2

Ⅰ. ①互…　Ⅱ. ①万…　Ⅲ. ①零部件—互换性—高等学校—教学参考资料　②零部件—测量技术—高等学校—教学参考资料　Ⅳ. ①TG801

中国版本图书馆 CIP 数据核字(2021)第 185211 号

策划编辑　秦志峰
责任编辑　南　景
出版发行　西安电子科技大学出版社(西安市太白南路 2 号)
电　　话　(029)88202421　88201467　　　邮　　编　710071
网　　址　www.xduph.com　　　　　　　　电子邮箱　xdupfxb001@163.com
经　　销　新华书店
印刷单位　陕西天意印务有限责任公司
版　　次　2021 年 12 月第 1 版　　2021 年 12 月第 1 次印刷
开　　本　787 毫米×1092 毫米　1/16　印张　7
字　　数　161 千字
印　　数　1～2000 册
定　　价　23.00 元
ISBN 978-7-5606-6145-2/TG

XDUP 6447001-1
如有印装问题可调换

前　　言

互换性与技术测量课程是高等院校机械类和机电类各专业必修的主干技术基础课程之一，也是一门与机械工业发展紧密联系的基础学科，在教学中起着联系基础课程和专业课程的桥梁作用，也起着联系设计类课程与制造工艺类课程的纽带作用。

本书是编者在总结多年教学研究与教学实践的基础上，结合课程建设和改革的实践要求，从辅助教学和帮助学生掌握基本知识的角度，吸取众家之长编写而成的。

本书共 6 章，包含绪论、尺寸公差与配合、几何公差、表面粗糙度、典型零部件公差与检测和测量技术基础，各章均给出了学习指导、典型例题和习题。学习指导部分介绍了各章的重点、难点及学习方法与知识体系。典型例题和习题部分题型新颖多样，有名词解释、填空、判断、选择、计算、标注和改错等题型。附录部分给出了模拟试卷。

本书由万一品任主编，编写第 1～4 章以及附录部分的内容，并负责全书的书稿整理工作。贾洁任副主编，编写第 5、6 章内容。全书由长安大学宋绪丁教授主审。

对给予本书编写以热情支持和帮助的长安大学教务处、图书馆和工程机械学院的领导、同事表示诚挚的谢意！

由于编者水平有限，书中难免会有疏漏和不妥之处，恳请广大读者批评指正，以便修改完善。

本书的习题参考答案可邮件咨询 513230657@qq.com 索取。

编　者
2021 年 8 月

目　录

第1章 绪 论

1.1 学 习 指 导

1.1.1 重点与难点

本章重点与难点如下：

(1) 掌握互换性与公差的概念以及互换性的分类和作用；

(2) 掌握标准与标准化的概念及意义；

(3) 掌握优先数系的基本系列及其工程应用；

(4) 明确本课程的研究对象和任务。

1.1.2 知识体系

1. 互换性与公差

互换性是指统一规格的一批零部件，按规定的要求制造，能彼此相互替换而使用效果相同的特性。互换性通常包括几何量互换和功能性互换。按互换的程度，互换性可分为完全互换和不完全互换，前者要求零部件在装配时不需要挑选和辅助加工，后者要求零部件在装配时需要分组或调整；按标准部件，互换性可分为内互换和外互换，前者是组成标准部件的零件的互换，后者是标准部件与其他零部件的互换。

采用互换性原则，应在技术上保持高度统一和协调，利于高效率的专业化生产，简化零部件设计、制造和装配过程，缩短生产周期，降低生产成本，便于使用维修。

公差是零件几何参数允许的变动量，是保证零部件互换性的重要参数。零件在加工过程中，由于机床系统误差、刀具磨损等原因，其几何参数不可避免地会产生误差。公差的作用就是控制误差，保证零部件具有互换性。

2. 标准与标准化

标准就是对重复性事物和概念所做的统一的规定，以科学、技术和实践经验的综合成果为基础，经有关方面协商一致，由政府机关或社会团体以特定形式发布，作为共同遵守的准则和依据。标准化是指标准的制定、发布和贯彻实施的全部活动过程。在机械制造中，标准化是广泛实现互换性的前提，也是实现互换性的基础。

我国标准分为国家、行业、地方和企业四个等级。国家标准和行业标准又分为强制性和推荐性两大类。本课程所涉及的标准多为推荐性标准。

3. 优先数系

标准对优先数系规定了 R5、R10、R20、R40 四个基本系列和 R80 补充系列。在实际工作中优先采用优先数。优先数的数值排列规律具有等公比的特点。同一系列中，优先数的积、商、整数(正或负)的乘方等仍为优先数。可从基本系列中每隔几项选取一个优先数，组成新的系列，即派生系列。派生系列使优先数有了更大的适应性来满足各种生产实际的需要。

1.2 典 型 例 题

1. 什么叫互换性？为什么说互换性已成为现代机械制造业中一个普遍遵守的原则？列举互换性应用实例(至少三个)。

答：(1) 互换性是指机器零件(或部件)相互之间可以代换且能保证使用要求的一种特性。

(2) 因为互换性对保证产品质量、提高生产率和增加经济效益具有重要意义，所以互换性已成为现代机械制造业中一个普遍遵守的原则。

(3) 应用实例列举如下：自行车的螺钉掉了，买一个相同规格的螺钉装上后就能照常使用；手机的显示屏坏了，买一个相同型号的显示屏装上后就能正常使用；缝纫机的传动带失效了，买一个相同型号的传动带换上后就能照常使用；灯泡坏了，买一个相同型号的灯泡换上即可。

2. 按互换程度来分，互换性可分为哪两类？它们有何区别？各适用于什么场合？

答：(1) 按互换的程度来分，互换性可以分为完全互换和不完全互换。

(2) 二者的区别是：完全互换是一批零件或部件在装配时不需分组、挑选、调整和修配，装配后即能满足预定要求。而不完全互换是零件加工好后，通过测量将零件按实际尺寸的大小分为若干组，仅同一组内零件有互换性，组与组之间不能互换。当装配精度要求较高时，采用完全互换将使零件制造精度要求提高，加工困难，成本增高；而采用不完全互换可适当降低零件的制造精度，使之便于加工，成本降低。

(3) 适用场合：一般来说，使用要求与制造水平、经济效益没有矛盾时，可采用完全互换；反之，采用不完全互换。

3. 什么叫公差、检测和标准化？它们与互换性有何关系？

答：(1) 公差是零件几何参数误差的允许范围。

(2) 检测是兼有测量和检验两种特性的一个综合鉴别过程。

(3) 标准化是指制定、发布和贯彻标准的全过程。

(4) 公差与检测是实现互换性的手段和条件，标准化是实现互换性的前提。

4. 按标准颁布的级别来分，我国的标准有哪几种？

答：按标准颁布的级别来分，我国标准分为国家标准、行业标准、地方标准和企业标准四个等级。

5. 什么叫优先数系和优先数？

答：(1) 优先数系是一种无量纲的分级数值，它是十进制等比数列，适用于各种量值的分级。

(2) 优先数是指优先数系中的每个数。

1.3 本章习题

一、判断题

1. 为了实现互换性，同规格零件的几何参数应完全一致。 ( )

2. 互换性是针对大批量生产提出的，对单件小批量零件无互换性可言。 ( )

3. 优先数系中的任何一个数都是优先数。 ( )

4. 不经挑选和修配就能相互替换、装配的零件，就是具有互换性的零件。 ( )

5. 互换性原则只适用于大批量生产。 ( )

6. 加工误差可能会影响到零件的使用性能。 ( )

7. 完全互换性便于实现装配自动化，提高装配生产率。 ( )

8. 只要误差在公差范围内，零件就是合格的。 ( )

9. 企业标准比国家标准层次低，在标准要求上可稍低于国家标准。 ( )

10. 为了使零件的几何参数具有互换性，必须把零件的加工误差控制在给定的公差范围内。 ( )

11. 不经挑选、调整和修配就能相互替换、装配的零件，装配后能满足使用性能要求，就是具有互换性的零件。 ( )

12. 为了实现互换性，零件的公差应规定得越小越好。 ( )

13. 国家标准中，强制性标准是一定要执行的，而推荐性标准执行与否无所谓。 ( )

14. 保证互换的基本原则是经济地满足使用要求。 ( )

二、选择题

1. 在我国颁发的下列标准中，(   )标准的等级最高。

A. 国家标准　　B. 行业标准　　　　C. 地方标准　　　　　　D. 企业标准

2. 下列数系中，(   )为补充系列。

A. R5　　　　　　B. R10/3　　　　　C. R40　　　　　　　　D. R80

3. 具有互换性的零件应是(   )。

A. 相同规格　　　　　　　　　　　B. 形状和尺寸完全相同

C. 相互配合　　　　　　　　　　　D. 不同规格

4. 某种零件在装配时需要进行修配，则此种零件(   )。

A. 不具有互换性　　　　　　　　　B. 具有不完全互换性

C. 具有完全互换性　　　　　　　　D. 无法确定

5. 完全互换与不完全互换的主要区别在于不完全互换(   )。

A. 装配精度低　　　　　　　　　　B. 装配时不允许调整

C. 装配时允许修配　　　　　　　　D. 装配前允许选择

三、填空题

1. 互换性是指制成的(   )的一批零件，不作任何(   )就能进行装配，并能保证满足机械产品的(   )的一种特性。

2. 互换性按照程度和范围的不同可以分为(   )和(   )两种，其中(   )互换性在生产中得到广泛应用。

3. (   )是互换性的前提条件，而保证标准化的手段是(   )。

4. 公差标准是一种(   )。制定和贯彻公差标准是实现(   )的基础。

5. 制定公差的目的是为了控制(   )，通过(   )判定零件的合格性，就能满足(   )要求。

6. 标准化是指在(   )标准、(   )标准和对标准实施进行(   )的社会活动的(   )，是一项重要的(   )。

7. 优先数系由一些(   )数列构成，代号为(   )。

8. 优先数系 R5、R10、R20 和 R40 为(   )，其公比分别为(   )、(   )、(   )和(   )。

9. R10/3 属于(   )系列，其公比是(   )。

10. 我国标准按颁发级别分为(   )、(   )、(   )和(   )。

四、名词解释

1. 互换性。

2. 标准。

3. 标准化。

4. 优先数。

5. 优先数系。

五、简答题

1. 互换性分哪几类？它对现代化生产有何重要意义？

2. 互换性在机械制造中有何重要意义？实现互换性的条件是什么？

3. 按照标准化对象的特性，标准可分为哪些类型？

4. 公差、标准化与互换性有何关系？

5. 为什么要规定优先数系？优先数系形成的规律是什么？优先数系有哪几类？

第 2 章　尺寸公差与配合

2.1　学　习　指　导

2.1.1　重点与难点

本章重点与难点如下：

(1) 掌握尺寸有关的基本术语及其定义，掌握公差带图的画法；

(2) 掌握标准公差系列和基本偏差系列，能够在图样上正确标注公差带代号和配合代号，了解常用公差带和优先、常用配合；

(3) 掌握尺寸精度设计中配合制、标准公差等级、配合种类的选择。

2.1.2　知识体系

1. 基本术语及定义

1) 广义孔与轴的概念

在公差与配合中，孔、轴的概念是广义的，不仅是指一般概念的圆柱形的。它可以从两方面理解：从切削加工的角度看，孔是越加工越大，轴是越加工越小；从装配关系看，孔是包容面，轴是被包容面。

2) 公称尺寸、极限尺寸、实际尺寸的概念

公称尺寸是设计时通过计算或试验确定并经过圆整后得到的。它只表示尺寸的基本大小，并不是对完工后零件实际尺寸的要求，不能将它理解成理想尺寸，不能认为零件的实际尺寸越接近公称尺寸越好。上、下极限尺寸(旧称最大、最小极限尺寸)也是设计时确定的，它是根据使用要求用来限制尺寸变化范围的。实际尺寸是测量得到的，不能直接从图纸上看出。由于测量不可避免有误差，故实际尺寸一般不是真值。由于有形状误差，零件各部位的实际尺寸一般是不同的，称为局部实际尺寸。

尺寸通常分为线性尺寸和角度尺寸。图样上的尺寸以毫米(mm)为单位时，可以只写数字，不标注计量单位的符号或名称。

公称尺寸是由图样规范确定的理想形状要素的尺寸。实际尺寸是工件加工后通过测量获得的尺寸。极限尺寸是允许尺寸变化的两个界限值。尺寸偏差是指某一尺寸减去公称尺

寸所得的代数差，进而有实际偏差与极限偏差。实际偏差与实际尺寸、极限偏差与极限尺寸具有相同的性质。偏差都是代数值，可以为正、为负或者为零。尺寸公差是允许尺寸变化的范围。

3) 尺寸偏差、实际偏差、上偏差、下偏差、极限偏差、基本偏差的区别与联系

尺寸偏差是笼统地讲某一尺寸减其公称尺寸的差，当某一尺寸为实际尺寸时，就是实际偏差；当某一尺寸为上极限尺寸时，就是上偏差(ES，es)；当某一尺寸为下极限尺寸时，就是下偏差(EI，ei)。上、下偏差总称极限偏差。偏差都是代数值，可以为正、为负或者为零。

4) 尺寸误差、尺寸公差的概念

尺寸误差是一批零件实际尺寸中最大尺寸减最小尺寸的差，即实际尺寸的变化范围。尺寸公差是允许尺寸变化的范围。尺寸实际偏差是对某一零件而言的，表示对公称尺寸的偏离，是代数值，可以为正、为负或者为零。尺寸误差是对一批零件而言的，与公称尺寸无关，只表示一批零件尺寸的一致程度，是绝对值，其值为正。

5) 公差带的概念与公差带图的画法

在公差带图中，用一条直线(零线)表示公称尺寸，由代表上、下偏差的两条直线所限定的区域称为公差带，零件的实际尺寸落在公差带内就是合格的。公差带由两个要素确定：基本偏差(一般是指靠近零线的那个极限偏差)，用以确定公差带相对于零线的位置；公差数值，用以确定公差带的大小(在垂直于零线方向的宽度)。这个概念很重要，《极限与配合》国家标准就是通过对公差带的大小和位置进行标准化，从而形成标准公差系列和基本偏差系列的。

6) 配合、间隙或过盈、极限间隙或极限过盈的概念

配合是公称尺寸相同、相互结合的孔和轴公差带之间的关系。理解时注意两点：公称尺寸不同，不能叫配合；配合是设计时一批孔和轴公差带之间的关系，并不是某一对实际孔、轴结合的松紧状态，所以，根据一对实际孔、轴的测量结果不能判断它们属于哪一类配合，只能说明它们存在多大的实际间隙或过盈。

按孔、轴公差带的关系，把配合分为间隙配合、过盈配合和过渡配合三大类：孔的公差带在轴的公差带之上称为间隙配合；孔的公差带在轴的公差带之下称为过盈配合；孔的公差带与轴的公差带相互交叠称为过渡配合。孔的尺寸减去轴的尺寸的代数差若为正，称为间隙；若为负，称为过盈。最大间隙或过盈、最小间隙或过盈统称极限间隙或极限过盈。它们表示配合要求的松紧程度。

7) 配合公差的概念及其与尺寸公差的关系

配合公差等于配合最松时的间隙(或过盈)减去配合最紧时的间隙(或过盈)，表示对配合松紧程度一致性的要求。不论哪类配合，配合公差等于孔的尺寸公差值与轴的尺寸公差值之和，这是非常重要的关系式，它反映了零件的使用要求与制造要求之间的矛盾。从使用角度来看，配合公差越小，表示一批孔、轴结合的松紧程度变化小，配合精度高，使用性能好；但从制造角度来看，配合公差越小，要求相配合孔、轴的尺寸公差要越小，加工越困难，成本越高。所以，设计者在确定公差与配合时就要综合考虑，协调好这一对矛盾。

8) 基孔制、基轴制的概念

相配合的孔、轴的公差带位置可有各种不同的方案，均可达到相同的配合要求。为了简化和有利于标准化，以尽量少的公差带形成尽量多的配合，国家标准规定了两种配合制(即基准制)：基孔制配合和基轴制配合。

把孔的公差带位置固定(基本偏差代号为 H)，与不同基本偏差的轴的公差带形成各种配合的一种制度，称为基孔制；反之，把轴的公差带位置固定(基本偏差代号为 h)，与不同基本偏差的孔的公差带形成各种配合的一种制度，称为基轴制。区别某种配合是基孔制还是基轴制，只与其公差带的位置有关，而与孔、轴的加工顺序无关，不能理解成基孔制就是先加工孔，后加工轴。

2. 标准公差与基本偏差

本章重点是公差带的两个要素(大小和位置)的标准化，形成标准公差系列和基本偏差系列。

1) 标准公差系列

国家标准中规定了 20 个公差等级，IT01 级～IT18 级，精度依次降低。各等级的具体公差数值可以直接从《标准公差数值表》中查出，应能熟练、正确地查表。《标准公差数值表》中所列公差数值是按一定的公式计算出来的，公差是为了控制误差，标准公差的计算公式就是根据对生产实践的统计分析和试验研究，总结出加工误差和测量误差的变化规律而确定的。

2) 基本偏差系列

对公差带相对于零线的位置进行标准化，就形成了基本偏差系列。国家标准对轴、孔分别规定了 28 个基本偏差代号，用拉丁字母表示，轴小写，孔大写。需要牢固掌握它们的分布规律。基本偏差数值可直接查表，轴的基本偏差除 js、j、k 以外，与公差等级无关；孔的基本偏差为 JS～ZC，与公差等级有关。

轴的基本偏差以实践经验为基础，根据计算公式得到。孔的基本偏差是由轴的基本偏差换算来的，换算时有两种规则。通用规则：孔的基本偏差与同字母的轴的基本偏差符号相反、绝对值相等；特殊规则：孔的基本偏差与同字母的轴的基本偏差符号相反、绝对值不等，相差一个 Δ。这样规定，在高精度配合(≤7 级或≤8 级)时，由于孔比同级的轴加工困难，故一般孔的公差比轴低一级，而在精度较低的配合中，孔、轴同级；此外，可以保证同名配合的配合性质相同。所谓同名配合是指公差等级和非基准件的基本偏差代号都相同，只是基准制不同的配合。所谓配合性质相同是指配合的极限间隙(或过盈)相同。

当公差等级和基本偏差确定后，零件的公差带就完全确定了，另一个极限偏差就可根据基本偏差和公差计算出来。为了更经济地满足使用要求，国家标准规定了一般、常用和优先公差带，以及常用、优先配合。这些公差带与配合可以从表中查出，设计时，应尽量选用优先公差带与配合，若不合适，再考虑常用的、一般的。

图纸上没有标注极限偏差的尺寸称为未注公差尺寸，主要用于精度较低的非配合尺寸，但不等于该尺寸是自由尺寸，没有公差要求，而是有公差的。国家标准对线性尺寸的未注公差规定了 f、m、c、v 四个等级。

3. 尺寸精度设计

尺寸精度设计主要解决基准制、标准公差等级和配合种类的选用，选择原则都是经济性。

基准制的选择与使用要求无关，因为同名配合的配合性质相同。选择时主要应从工艺、结构及经济性等方面考虑，通常遵循三句话：优先采用基孔制，其次选用基轴制，特殊情况采用非基准制。

公差等级的选择主要是要协调好使用要求与制造成本之间的矛盾，在满足使用要求的前提下，尽量选择精度较低的公差等级。

确定了基准制和公差等级后，配合种类的选择实际上就是选择非基准件的基本偏差代号。配合种类的选择对经济性影响不大，因为基本偏差通常不影响加工的难易程度。配合种类要选得很准，是件不容易的事，通常采用类比的方法。

公差与配合的选择，结果不是唯一的，它与很多因素有关，如工作温度、材料强度、载荷情况、运动速度、表面粗糙度、形位误差大小、生产批量等，应根据实际情况作适当调整。

2.2　典　型　例　题

1. 公称尺寸、极限尺寸、极限偏差和尺寸公差的含义是什么？它们之间的相互关系如何？在公差带图上怎样表示？

答：公称尺寸是指通过它应用上、下偏差可算出极限尺寸的尺寸。极限尺寸是指一个孔或轴允许尺寸的两个极端，也就是允许的尺寸变化范围的两个界限值。极限偏差是指极限尺寸减其公称尺寸所得的代数差。尺寸公差(简称公差)是上极限尺寸与下极限尺寸之差，或上偏差与下偏差之差。它们之间的相互关系可由图 2-1 表示。

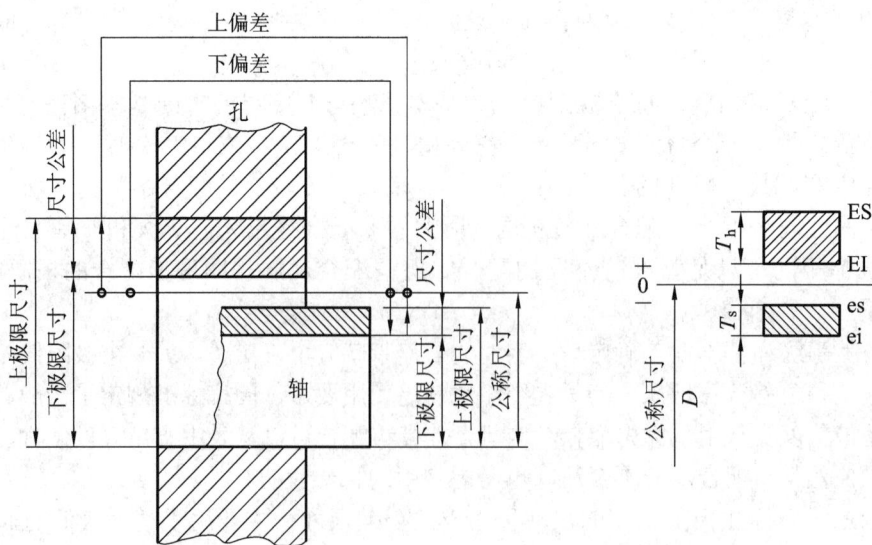

图 2-1

2. 什么是标准公差因子? 在尺寸值 500 mm 范围内, IT5~IT8 的标准公差因子是如何规定的?

答: 标准公差因子是国家标准极限与配合制中, 用以确定标准公差的基本单位。对于基本尺寸≤500 mm, IT5~IT18 的公差因子 i 的计算公式如下:

$$i = 0.45\sqrt[3]{D} + 0.001D$$

式中: D 为基本尺寸段的几何平均值, 单位为 mm; i 为公差因子, 单位为 μm。

3. 什么是标准公差? 规定它有什么意义? 国标规定了多少个公差等级? 怎样表示?

答: 标准公差就是国家标准极限与配合制中给出的一系列标准公差数值。规定标准公差是为了减少公差值的数目, 统一公差值, 方便使用。标准公差等级分为 20 级, 用标准公差符号 IT 和数字组成, 分别由 IT01, IT0, IT1, IT2, …, IT18 来表示。

4. 怎样解释偏差和基本偏差? 为什么要规定基本偏差? 有哪些基本偏差系列? 如何表示? 轴和孔的基本偏差是如何确定的?

答: 尺寸偏差(简称偏差)是指某一尺寸(极限尺寸、实际尺寸等)减去公称尺寸所得的代数差, 其值可正、可负或为零。基本偏差是指在极限与配合制中, 确定公差带相对于零线位置的那个极限偏差。基本偏差是用来确定公差带相对于零线的位置的。不同的公差带位置与基准件将形成不同的配合。基本偏差的数量将决定配合种类的数量。为了满足各种不同松紧程度的配合需要, 同时尽量减少配合种类, 以利互换, 国家标准对孔和轴分别规定了 28 种基本偏差。轴的基本偏差数值是以基准孔为基础, 根据各种配合的要求, 在生产实践和大量试验的基础上, 依据统计分析的结果整理出一系列公式而计算出来的。孔的基本偏差数值是由相同字母轴的基本偏差, 在相应公差等级的基础上通过换算得到的。

5. 什么是基准制? 为什么要规定基准制? 在哪些情况下采用基轴制?

答: 配合制(基准制)是指同一极限制的孔和轴组成配合的一种制度。国家标准中规定了两种平行的配合制: 基孔制配合和基轴制配合。规定基准制可以避免配合的随意性, 减少配合的数量, 也就是可以减少刀、夹、量具的数量, 方便使用。

机械加工的冷拔钢材做轴, 加工尺寸小于 1 mm 的精密轴比同级孔要困难, 同一基本尺寸的轴上装配有不同配合要求的几个孔件时应采用基轴制。

6. 什么叫配合? 配合的特征由什么来表示?

答: 配合是指公称尺寸相同的, 相互结合的孔、轴公差带之间的关系。配合的特征由配合后形成间隙还是过盈来表示, 分别有间隙配合、过盈配合和过渡配合三种类型。

7. 如何区分间隙配合、过渡配合和过盈配合? 怎样来计算极限间隙、极限过盈、平均间隙和平均过盈?

答: 间隙配合是指具有间隙(包括最小间隙为零)的配合。此时, 孔的公差带在轴的公差带之上。过盈配合是指具有过盈(包括最小过盈为零)的配合。此时, 孔的公差带在轴的公差带之下。过渡配合是指可能具有间隙或过盈的配合。此时, 孔的公差带与轴的公差带相互交叠。极限间隙、极限过盈、平均间隙和平均过盈可借助尺寸公差带图来求解。

8. 公差与配合标准的应用主要解决哪三个问题？其基本原则是什么？

答：公差与配合标准的应用主要解决包括选择基准制、公差等级和配合种类三个方面的问题。选择的基本原则是在满足使用要求的前提下能够获得最佳的技术经济效益。

9. 用查表法确定下列各配合的孔、轴的极限偏差，计算极限间隙或过盈，并画出公差带图。

(1) $\phi 20 \dfrac{\text{H8}}{\text{f7}}$。

解：查表确定孔和轴的标准公差 IT7 = 21 μm，IT8 = 33 μm；

查表确定轴的基本偏差 f 的基本偏差 es = −20 μm；

查表确定孔的基本偏差 H 的基本偏差 EI = 0；

计算轴的另一个极限偏差，f7 的另一个极限偏差 ei = es − IT7 = −41 μm；

计算孔的另一个极限偏差，H8 的另一个极限偏差 ES = EI + IT8 = (0 + 33) = 33 μm；

标出极限偏差，$\phi 20 \dfrac{\text{H8}\binom{+0.033}{0}}{\text{f7}\binom{-0.020}{-0.041}}$；

作公差与配合图解，如图 2-2 所示。

计算极限间隙：
$$X_{\max} = \text{ES} - \text{ei} = 33 - (-41) = 0.074 \text{ mm}$$
$$X_{\min} = \text{EI} - \text{es} = 0 - (-20) = 0.020 \text{ mm}$$

(2) $\phi 30 \dfrac{\text{F8}}{\text{h7}}$。

解：查表确定孔和轴的标准公差 IT7 = 21 μm，IT8 = 33 μm；

查表确定轴的基本偏差 h 的基本偏差 es = 0 μm；

查表确定孔的基本偏差 F 的基本偏差 EI = 20 μm；

计算轴的另一个极限偏差，h7 的另一个极限偏差 ei = es − IT7 = 0 − 21 = −21 μm；

计算孔的另一个极限偏差，F8 的另一个极限偏差 ES = EI + IT8 = 20 + 33 = 53 μm；

标出极限偏差，$\phi 30 \dfrac{\text{F8}\binom{+0.053}{+0.020}}{\text{h7}\binom{0}{-0.021}}$；

作公差与配合图解，如图 2-3 所示。

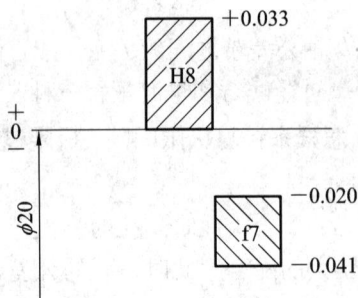

图 2-2

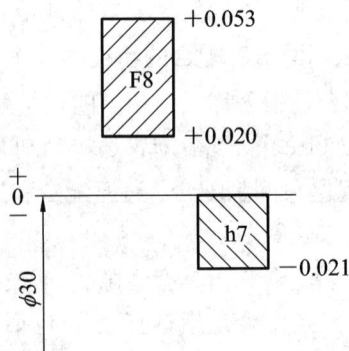

图 2-3

计算极限间隙：

$$X_{\max} = ES - ei = 53 - (-21) = 0.074 \text{ mm}$$

$$X_{\min} = EI - es = 0.020 - 0 = 0.020 \text{ mm}$$

10. 设有一孔、轴配合，公称尺寸为 40 mm，要求配合的间隙为 0.025 mm～0.066 mm，试用计算法确定公差等级并选取适当的配合。

解：(1) 选择基准制。由于没有特殊的要求，所以应优先选用基孔制，即孔的基本偏差代号为 H。

(2) 确定孔、轴公差等级。由给定条件可知，此孔、轴结合为间隙配合，其允许的配合公差为

$$T_{\text{f}} = X_{\max} - X_{\min} = 0.066 \text{ mm} - 0.025 \text{ mm} = 0.041 \text{ mm}$$

因为

$$T_{\text{f}} = T_{\text{D}} + T_{\text{d}} = 0.041 \text{ mm}$$

假设孔与轴为同级配合，则

$$T_{\text{D}} = T_{\text{h}} = \frac{T_{\text{f}}}{2} = \frac{0.041 \text{ mm}}{2} = 0.0205 \text{ mm} = 20.5 \text{ μm}$$

查表可得，20.5 μm 介于 IT6 = 16 μm 和 IT7 = 25 μm 之间，而在这个公差等级范围内，国家标准要求孔比轴的配合低一级，于是取孔公差等级为 IT7，轴公差等级为 IT6，则

$$\text{IT6} + \text{IT7} = 0.016 \text{ mm} + 0.025 \text{ mm} = 0.041 \text{ mm} \leqslant T_{\text{f}}$$

(3) 确定轴的基本偏差代号。由于采用的是基孔制配合，则孔的基本偏差代号为 H7，孔的基本偏差为 EI = 0，孔的另一个极限偏差为

$$ES = EI + \text{IT7} = 0 + 0.025 \text{ mm} = -0.025 \text{ mm}$$

根据

$$EI - es = X_{\min} = 0.025 \text{ mm}$$

所以轴的上偏差为

$$es = EI - X_{\min} = 0 \text{ mm} - 0.025 \text{ mm} = -0.025 \text{ mm}$$

查表得 es = 0.025 mm 对应的轴的基本偏差代号为 f，即轴为 f6。

轴的另一个极限偏差为

$$ei = es - \text{IT6} = -0.025 \text{ mm} - 0.016 \text{ mm} = -0.041 \text{ mm}$$

(4) 选择的配合为

$$\phi 40 \frac{\text{H7}(^{+0.025}_{0})}{\text{f6}(^{-0.025}_{-0.041})}$$

(5) 验算：

$$X_{\max} = ES - ei = 0.025 \text{ mm} - (-0.041) \text{mm} = 0.066 \text{ mm}$$

$$X_{\min} = EI - es = 0 - (-0.025) \text{mm} = 0.025 \text{ mm}$$

因此，满足要求。

2.3　本章习题

一、判断题

1. 从极限与配合的基本术语及定义看，孔、轴只是指圆形的。　　　　　（　　）

2. 零件的实际尺寸就是零件的真实尺寸。　　　　　　　　　　　　　（　　）

3. 公称尺寸不同的零件，只要公差值相同，则它们的精度相同。　　　（　　）

4. 公称尺寸是设计时给定的尺寸，零件的实际尺寸越接近公称尺寸，其加工误差就越小。　　　　　　　　　　　　　　　　　　　　　　　　　　　　　　（　　）

5. 实际尺寸必须小于或等于最大极限尺寸，而大于或等于最小极限尺寸。（　　）

6. 上偏差大于下偏差，所以上偏差为正值，下偏差为负值。　　　　　（　　）

7. 尺寸公差是尺寸允许的变动量，是用绝对值来定义的，因而它没有正、负之分。（　　）

8. 尺寸公差等于最大极限尺寸减最小极限尺寸之代数差的绝对值，也等于上偏差与下偏差代数差的绝对值。　　　　　　　　　　　　　　　　　　　　　　　　（　　）

9. 基本偏差可以是上偏差或下偏差，因而一个公差带的基本偏差可能出现两个数值。　　　　　　　　　　　　　　　　　　　　　　　　　　　　　　　　　（　　）

10. 标准公差数值与两个因素有关，即标准公差等级和公称尺寸分段。　（　　）

11. 标准公差中的公称尺寸分段，主要是为了减少标准公差的数目，统一公差值以及简化公差表格，便于实际应用。　　　　　　　　　　　　　　　　　　　　　（　　）

12. 相互配合的孔和轴，其公称尺寸必须相同。　　　　　　　　　　　（　　）

13. 在间隙配合中，轴的公差带在孔的公差带上方；而在过盈配合中，轴的公差带在孔的公差带下方。　　　　　　　　　　　　　　　　　　　　　　　　　　　（　　）

14. 凡在配合中可能出现间隙的，其配合性质一定属于间隙配合。　　（　　）

15. 基孔制是孔的基本偏差一定，而通过改变轴的基本偏差而形成各种配合的一种制度。　　　　　　　　　　　　　　　　　　　　　　　　　　　　　　　　　（　　）

16. 可以看出 H8/s7 这对配合是过盈配合，而且过盈量还比较大。　　（　　）

17. 基本偏差确定公差带的位置，标准公差数值确定公差带的大小。　（　　）

18. 公差带代号是由基本偏差代号和标准公差等级组成的。　　　　　（　　）

19. 选用公差带时，应按优先、常用、一般公差带的顺序选取。　　　（　　）

20. 线性尺寸的未注公差是在车间普通工艺条件下可能经济地获得精度的公差，因此不用规定公差等级。　　　　　　　　　　　　　　　　　　　　　　　　　　（　　）

二、选择题

1. 国标中规定，机械加工中通常以（　　）作为尺寸的特定单位。

A. 米　　　　　　B. 厘米　　　　　　C. 毫米　　　　　　D. 微米

2. 极限尺寸和公称尺寸都是（　　）时确定的。

A. 加工　　　　　B. 测量　　　　　　C. 装配　　　　　　D. 设计

3. 实际偏差与极限偏差的大小关系是（　　）。

A. 前者大于后者　　　　　　　　　　B. 前者等于后者

C. 无法确定　　　　　　　　　　　　D. 前者小于后者

4. 关于偏差与公差之间的关系，说法正确的是(　　)。

A. 上极限偏差越大，公差越大

B. 下极限偏差越大，公差越大

C. 实际偏差越大，公差越大

D. 极限偏差之差的绝对值越大，公差越大

5. 尺寸公差一定(　　)。

A. 大于零　　　　　　　　　　　　　B. 大于等于零

C. 小于零　　　　　　　　　　　　　D. 小于等于零

6. 公差带图中的零线表示(　　)。

A. 真实尺寸　　　　　　　　　　　　B. 局部尺寸

C. 公称尺寸　　　　　　　　　　　　D. 极限尺寸

7. 当孔的下极限偏差大于配合的轴的上极限偏差时，此时的配合为(　　)。

A. 过盈配合　　　　　　　　　　　　B. 间隙配合

C. 过渡配合　　　　　　　　　　　　D. 无法确定

8. 当孔的上极限偏差大于配合的轴的下极限偏差时，此时的配合为(　　)。

A. 过盈配合　　　　　　　　　　　　B. 间隙配合

C. 过渡配合　　　　　　　　　　　　D. 无法确定

9. 当孔的上极限偏差小于配合的轴的下极限偏差时，此时的配合为(　　)。

A. 过盈配合　　　　　　　　　　　　B. 间隙配合

C. 过渡配合　　　　　　　　　　　　D. 无法确定

10. 下列关系式中，表述正确的是(　　)。

A. T_f = −0.02 mm　　　　　　　　　B. es = +0.02 mm

C. EI = 0.02 mm　　　　　　　　　　D. X_{min} = 0.02 mm

11. 确定不在同一尺寸段的两尺寸的精确度，依据两个尺寸的(　　)。

A. 公差等级　　　　　　　　　　　　B. 基本偏差

C. 极限偏差　　　　　　　　　　　　D. 实际偏差

12. $\phi 30^{+0.014}_{-0.019}$ mm 与 $\phi 30^{+0.065}_{-0.019}$ mm 相比，尺寸精确程度(　　)。

A. 相同　　　　　　　　　　　　　　B. 前者高

C. 后者高　　　　　　　　　　　　　D. 无法确定

13. $\phi 100$H7 与 $\phi 30$H7 相比，尺寸精确程度(　　)。

A. 相同　　　　　　　　　　　　　　B. 前者高

C. 后者高　　　　　　　　　　　　　D. 无法确定

14. 孔和轴各有(　　)个基本偏差。

A. 30　　　　　　B. 28　　　　　　C. 10　　　　　　D. 15

15. 对于轴，基本偏差 a~h 与 j~zc 分别为(　　)极限偏差。

A. 上和下　　　　B. 上和上　　　　C. 下和上　　　　D. 下和下

16. 基本偏差确定了公差带(　　　)，即确定了配合性质。

A. 形状　　　　　B. 位置　　　　　　　C. 方向　　　　　　　D. 大小

17. $\phi100F7$、$\phi100F8$、$\phi100F9$ 三个公差带(　　　)。

A. 上极限偏差相同但下极限偏差不同

B. 上、下极限偏差均相同

C. 上极限偏差不同但下极限偏差相同

D. 上、下极限偏差均不相同

18. 在基孔制配合中，基准孔的公差带确定后，配合的最小间隙或最小过盈由轴的(　　　)确定。

A. 基本偏差　　　　　　　　　　B. 实际偏差

C. 公差数值　　　　　　　　　　D. 公差等级

19. 国家标准规定的线性尺寸未注公差等级可分为(　　　)级。

A. 5　　　　　　B. 4　　　　　　　　C. 3　　　　　　　D. 2

20. 与 $\phi30H7/k6$ 为配合性质相同的同名配合的是(　　　)。

A. $\phi30H7/k7$　　　　　　　　　　B. $\phi30K7/k6$

C. $\phi30K7/h6$　　　　　　　　　　D. $\phi30H6/k7$

三、填空题

1. 孔通常指工件的圆柱形(　　　　　　　)尺寸要素，轴通常指工件的圆柱形(　　　　)尺寸要素。从包容性质来看，孔为(　　　　　　)，轴为(　　　　　　)。

2. 公称尺寸是指图样规范确定的(　　　　　　)要素尺寸。通过它并应用(　　　　　)和(　　　　　)可以计算出极限尺寸。

3. 偏差是指某一尺寸减去其(　　　　　　)所得的(　　　　　　)。偏差可以分为实际偏差和(　　　　　)。

4. 尺寸公差是指(　　　　　)与(　　　　　)的差值，或(　　　　　)与(　　　　　)的差值。从加工的角度看，公称尺寸相同的零件，公差值越(　　　　　　)，加工就越(　　　　　)。

5. 公差带图可以清楚地表示(　　　　　)、(　　　　　)与(　　　　　)的相互关系，公差带图由(　　　　　)和(　　　　)两部分组成。

6. 在公差带图中，表示公称尺寸的一条直线为(　　　　　　)。在此线以上的偏差为(　　　　　)，在此线以下的偏差为(　　　　　)。决定公差带大小的是(　　　　　)，离零线最近的那个偏差是(　　　　　)。孔公差带与轴公差带相互重叠的那种配合是(　　　　　)配合。

7. 配合是指(　　　　　)相同，相互结合的孔、轴(　　　　　)之间的关系。配合可以分为(　　　　)、(　　　　　)和(　　　　　)三大类。

8. 配合公差是指组成配合的孔、轴的(　　　　　)之和，它是允许(　　　　　)或(　　　　　)的变动量，用(　　　　　)表示。配合公差反映(　　　　　)，配合种类反映(　　　　　)。

9. 配合制是指用(　　　　　)的孔、轴公差带组成各种配合的制度。国标中规定了两种等效的配合制分别为(　　　　　)和(　　　　　)。

10. 基孔制是指(　　　　)一定的孔的(　　　　)与(　　　　)不同的轴的公差带形成各种配合的制度。基轴制是指(　　　　)一定的轴的(　　　　)与(　　　　)不同的孔的公差带形成各种配合的制度。

11. 标准公差系列是由不同(　　　　)和不同(　　　　)的标准公差值构成的。(　　　　)是计算标准公差值的基本单位,也是制定标准公差系列表的基础。在公称尺寸小于等于 500 mm 内,国家标准规定了(　　　　)个等级。属于(　　　　)的公差,对所有尺寸段虽然(　　　　)不同,但是应看做同等精度。

12. 基本偏差是国标中确定(　　　　)相对零线(　　　　)的极限偏差,它可以是(　　　　)或(　　　　),一般为(　　　　)的偏差。基本偏差是决定(　　　　)的参数。

13. 公差带代号用(　　　　)和(　　　　)表示。配合代号用孔、轴的(　　　　)写成(　　　　)形式组合表示,分子为(　　　　),分母为(　　　　)。

14. 尺寸精度设计通常考虑(　　　　)、(　　　　)和(　　　　)的选用。

15. 线性尺寸的(　　　　)是指在车间普通工艺条件下,机床设备一般加工能力可以达到的公差。未注公差线性尺寸的一般公差分别为(　　　　)、(　　　　)、(　　　　)和(　　　　)。线性尺寸未注公差的极限偏差数值,无论孔、轴还是长度,一律取(　　　　)分布。

16. 标准公差值与两个因素有关,它们分别是(　　　　)和(　　　　)。

17. 选择基准制时,应优先选用(　　　　),原因是(　　　　)。

18. 已知基准孔的公差为 0.018 mm,则它的下偏差为(　　　　)mm,上偏差为(　　　　) mm。

19. 配合制的选择中,应优先选择(　　　　)制配合,如果在一个轴上要装配若干个松紧程度不同的零件,应考虑选择(　　　　)制配合。

20. 选用公差等级的原则是:在(　　　　)使用要求的条件下,尽量选取(　　　　)公差等级。

四、名词解释

1. 孔和轴。

2. 公称尺寸、实际尺寸和极限尺寸。

3. 尺寸偏差。

4. 实际偏差和极限偏差。

5. 尺寸公差。

6. 公差带。

7. 基本偏差。

8. 配合。

9. 间隙配合、过盈配合和过渡配合。

10. 基孔制和基轴制。

五、简答题

1. 尺寸公差与尺寸偏差有何区别？

2. 公称尺寸、极限尺寸、极限偏差和尺寸公差之间的相互关系是什么？如何表示在公差带图上？

3. 配合分哪几类？如何正确地判断配合性质？

4. 配合公差的含义是什么？试写出几种配合公差的计算公式。

5. 标准公差和标准公差等级的含义是什么？如何判断零件的加工难易程度？

6. 基本偏差的含义是什么？孔、轴的基本偏差分布有哪些特点？

7. 为什么要规定基本偏差？国家标准中规定了哪些基本偏差系列，如何表示？

8. 如何正确使用标准公差表、基本偏差表？

9. 阐述公差带图的重要性，并解释为何公差带图是解决公差问题的有用工具。

10. 配合的含义是什么？有哪几大类配合？各类配合是如何定义并应用的？

11. 什么是基孔制配合和基轴制配合？优先采用基孔制配合的原因是什么？

12. 在哪些情况下优先选用基轴制配合？

13. 简要描述何为同名配合。同名配合性质相同，性质指的是什么？

14. 孔、轴公差带代号由什么组成？配合代号由什么组成？试各举两个标注形式的例子。

15. 以轴的基本偏差为依据，简要描述通用规则和特殊规则计算孔的基本偏差的步骤。

16. 选用极限与配合主要应解决哪三方面的问题？解决问题的基本方法和原则是什么？

17. 国家标准中为什么要规定一般、常用和优先公差带与配合？

18. 简要描述何为工艺等价原则。

19. 在高等级精度情况下，为何孔的公差比相配合的轴的公差等级低一级？

20. 什么是线性尺寸的一般公差？它分为几个公差等级？其极限偏差如何确定？

六、计算题

1. 加工孔 $\phi30^{+0.030}_{-0.001}$ mm 和轴 $\phi30^{+0.060}_{+0.003}$ mm，求公称尺寸、极限偏差、极限尺寸、公差和配合公差，并画出尺寸公差带图。

2. 用已知数值，确定表 2-1 中的各项数值。

表 2-1　尺寸相关计算表

孔或轴	上极限尺寸	下极限尺寸	上偏差	下偏差	公差	尺寸标注
孔：$\phi10$	9.985	9.970				
孔：$\phi18$						$\phi18^{+0.017}_{0}$
孔：$\phi30$			+0.012		0.021	
轴：$\phi40$			−0.050	−0.112		
轴：$\phi60$	60.041				0.030	
轴：$\phi85$		84.978			0.022	

3. 利用标准公差数值表和基本偏差数值表，查表确定$\phi 30B7$、$\phi 95f7$、$\phi 30f7$、$\phi 20C10$、$\phi 70m8$、$\phi 100H6$ 的公差值大小和基本偏差值大小，并计算另一极限偏差值的大小。

4. 用已知数值，确定表 2-2 中的各项数值。

表 2-2　配合相关计算表

公称尺寸	孔			轴			X_{max} Y_{min}	X_{min} Y_{max}	X_{av}/Y_{av}	T_f	配合性质
	ES	EI	T_D	es	ei	T_d					
$\phi 25$		0				0.021	+0.074		+0.057		
$\phi 14$		0				0.010		−0.012	+0.0025		
$\phi 45$			0.025	0				−0.050	−0.295		

5. 已知相互配合的孔、轴公称尺寸和配合公差代号，查表确定孔、轴公差数值和基本偏差数值，计算另一极限偏差，并计算孔、轴的极限尺寸，画出尺寸公差带图，确定配合种类，并求配合的极限间隙或极限过盈以及配合公差。

(1) $\phi 30\dfrac{H7}{t6}$。

(2) $\phi 50 \dfrac{\text{F5}}{\text{h4}}$。

(3) $\phi 80 \dfrac{\text{K8}}{\text{m7}}$。

6. 指出图 2-4 所示，为哪一种基准制及哪一类配合，并在图中标注出极限间隙或极限过盈。

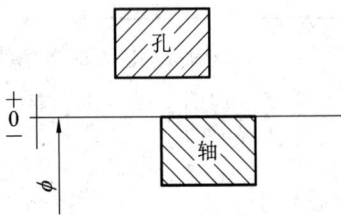

(a) ____制____配合

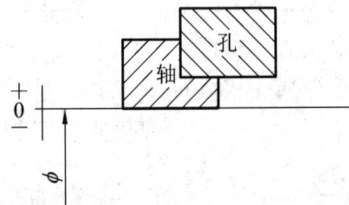

(b) ____制____配合

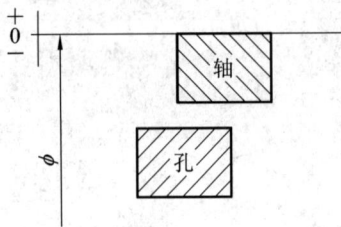

(c) ____制____配合

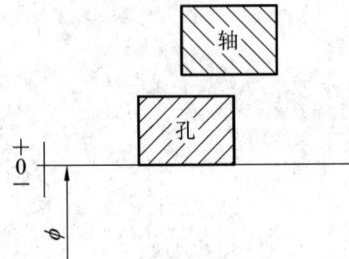

(d) ____制____配合

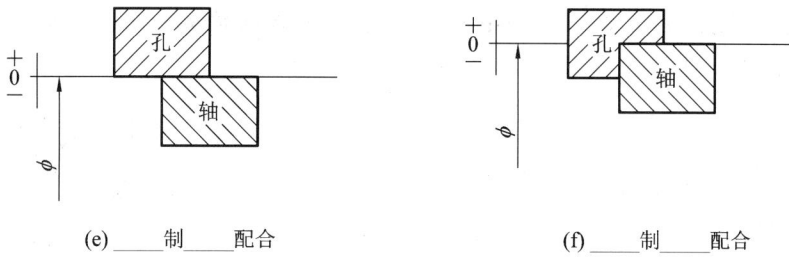

(e) ____制____配合　　　　　　　　　　　(f) ____制____配合

图 2-4

7. 将下列基孔(轴)制配合性质改成配合性质相同的基轴(孔)制配合，查表确定改后的极限偏差，并画出改前、后的公差带图。

(1) $\phi 60\dfrac{H9}{d9}$。

(2) $\phi 30\dfrac{H8}{f7}$。

(3) $\phi 50\dfrac{K7}{h6}$。

(4) $\phi 30\dfrac{S7}{h6}$。

8. 有一孔、轴配合，公称尺寸为ϕ50 mm，要求配合的过盈或间隙在 −0.048 mm～+ 0.041 mm 范围内。试确定此配合的孔、轴公差带和配合代号。

9. 已知公称尺寸为ϕ80 mm 的一对孔、轴配合，要求过盈在 −0.025 mm～−0.110 mm 之间，采用基孔制，试确定孔、轴的公差带代号。

10. 已知基本尺寸ϕ25 mm，IT6=13 μm，IT7 = 21 μm，轴ϕ25p6 的基本偏差 ei = +22 μm。

(1) 计算ϕ25H7/p6 的最大与最小间隙或过盈以及配合公差。

(2) 求其同名配合 ϕ25P7/h6 的极限偏差。

(3) 画出 ϕ25P7/h6 的公差带图与配合公差带图。

第3章 几何公差

3.1 学习指导

3.1.1 重点与难点

🖊 **本章重点与难点如下：**

(1) 掌握几何公差的基本术语与定义，几何公差的应用与标注方法；

(2) 掌握所有国家规定的几何公差并逐个进行公差带分析、几何公差及其评定；

(3) 掌握公差原则的基本术语及定义；

(4) 理解几何公差的检测原则。

3.1.2 知识体系

本章主要介绍几何公差的概念、选用及检测。

1. 几何公差的基本术语与定义

1) 几何要素的概念

几何要素是指构成零件几何特征的点、线、面，是几何公差研究的对象。可以从不同的角度对几何要素进行分类，如轮廓要素与中心要素、被测要素与基准要素、理想要素与实际要素、单一要素与关联要素等。

2) 几何公差的 19 个特征项目的名称、符号

几何公差的 19 个特征项目中，形状公差 6 项：直线度、平面度、圆度、圆柱度、线轮廓度和面轮廓度；方向公差 5 项：平行度、垂直度、倾斜度、线轮廓度和面轮廓度；位置公差 6 项：位置度、同轴度、同心度、对称度、线轮廓度和面轮廓度；跳动公差 2 项：圆跳动和全跳动。

3) 几何公差带的特征

几何公差带是限制实际要素变动的区域，实际要素落在公差带内就是合格的。由于特征项目不同，以及针对的要素不同，所以，几何公差带要比尺寸公差带复杂。尺寸公差带只有两个要素：公差带位置(由基本偏差确定)、公差带大小(由标准公差确定)，而形位公差带有四个要素：公差带的形状、大小、方向、位置。

几何公差带主要有 11 种形状，有些项目的公差带形状是唯一的，如圆度、平面度、同轴度等；有些项目的公差带却可以有几种不同的形状，如在直线度公差中，包括给定平面内的直线度、给定方向的直线度、任意方向的直线度，其公差带有不同的形状。对各种情况下公差带的形状可在分析、理解的基础上掌握，而不必死记。

几何公差带的大小即公差数值的大小，是指公差带的宽度或直径。理解时应注意：公差带大小是指被测实际要素变动区域的全量，而不能理解为实际要素对理想要素的偏离量，特别是对于定位的位置公差(同轴度、对称度和位置度)，例如面对面的对称度公差为 0.01 mm 时，允许实际被测面对基准面的最大偏离量应是 0.01 mm 的一半(即 0.005 mm)。

公差带的方向和位置有固定和浮动两种，若被测要素相对于基准的方向或位置关系以理论正确尺寸(打方框的角度或长度尺寸)标注，则其方向或位置是固定的；否则是浮动的。形状公差带的方向、位置都是浮动的；方向公差带的方向是固定的，位置是浮动的。方向公差带可以综合控制被测要素的形状和方向。位置公差带的方向、位置都是固定的，位置度公差带的位置用打方框的理论正确尺寸确定，同轴度和对称度的理论正确尺寸为 0，图上省略不标，位置公差带可以综合控制被测要素的形状、方向和位置。跳动公差的公差带的位置具有固定和浮动双重特点，一方面公差带的中心(或轴线)始终与基准轴线同轴，另一方面公差带的半径又随实际要素的变动而变动。跳动公差可综合控制被测要素的形状、方向和位置。

4) 几何误差的概念及其评定

几何误差是指实际要素对理想要素的变动量。实际评定时，通常用一个包容区来包容实际要素，包容区的宽度或直径表示形位误差的大小。

最小条件是指在评定几何误差时，应使评定出的误差值最小(实际要素对理想要素的最大变动量为最小)，即建立最小包容区。

对于形状误差、方向误差和位置误差，它们的最小包容区的共同特点是：其形状都与各自公差带的形状相同。注意：最小包容区的形状、方向和位置都与其公差带相同，仅大小不同，但它们是两个不同的概念。前者是针对完工后的实际要素，而后者是设计给定的要求，若最小包容区的宽度或直径小于公差带的宽度或直径，即是合格的。实际工作中，完全按最小条件评定形状误差，有时是困难的，所以，允许采用近似方法评定(如用两端点连线法评定直线度误差，用三点法评定平面度误差等)，这些方法使用方便，得出的误差值一般不小于用最小条件评定的值，如果该误差都不超过公差，则是合格的。有争议时，应按最小条件仲裁。由于跳动公差是针对特定的检测方式定义的项目，其误差值可在测量时直接从指示器中读出，不需要建立最小包容区。

5) 基准

应该用实际基准要素的理想要素作为基准，且理想要素的位置应符合最小条件，这是寻找基准的原则。

6) 公差原则

公差原则是指处理形位公差与尺寸公差关系的原则，有以下几种：独立原则、包容要求、最大实体要求、最小实体要求和可逆要求。其中，可逆要求不能单独使用，只能与最大实体要求或最小实体要求联合使用。

体外作用尺寸可以简单这样理解：对于一个实际存在几何误差的轴，用一个理想的、没有形状误差的孔去套它，若这个孔刚好能套进去，再小就套不进去了，这个孔的尺寸就是该轴的作用尺寸；同理，对于一个实际存在形位误差的孔，用一个理想的、没有形状误差的轴插进去，若这个轴刚好能插进去，再大就插不进去了，这个轴的尺寸就是该孔的作用尺寸。如果实际的轴(或孔)是关联要素，那么理想的孔(或轴)不仅应能套(插)进去，还应与基准保持图样上要求的几何关系。

体外作用尺寸是局部实际尺寸与形位误差综合作用的结果，是在配合时起作用(影响松紧程度)的尺寸。

最大(最小)实体尺寸，可简单理解为零件具有材料最多(最少)时的尺寸。最大实体实效尺寸，当工件尺寸做到最大实体尺寸，且其中心要素的形位误差等于图纸上要求的公差时，称为最大实体实效状态，这是装配最困难的状态。此状态下的体外作用尺寸叫最大实体实效尺寸。对于轴，最大实体实效尺寸等于最大极限尺寸与形位公差之和；对于孔，最大实体实效尺寸等于最小极限尺寸与形位公差之差。有了形位误差，相当于轴变大了或孔变小了，使得装配更困难了。

动态公差图表示了实际尺寸和形位公差变化的关系，实际状态落在阴影区内就是合格的。它是一种形象直观的工具，掌握其画法，对理解公差原则很有帮助。

2. 几何公差的选用

1) 公差项目的选择

几何公差项目应根据零件的几何特征、功能要求、检测方便程度等方面来选择。对旋转体零件尽量采用跳动公差代替其它项目(如用径向全跳动代替同轴度、圆柱度，用端面全跳动代替端面对轴心线的垂直度等)，既便于检测，又可保证使用要求。

2) 公差数值的选择

通过本章的学习，应做到明确国家标准对几何公差等级及数值的规定，并能正确查表，可参考教材所列的表格，了解各公差等级的应用。选择公差数值时，同一要素的形状公差＞方向公差＞位置公差；一般情况下，圆柱形零件的形状公差＜尺寸公差，在没有经验的情况下，可与尺寸公差同级；平行度公差＜相应的距离公差；使用要求相同，但加工难度大的情况下，应降低 1～2 级。

3) 公差原则(要求)的选择

独立原则是最常用的原则。包容要求需要严格保证配合性质。最大实体要求要保证可装配性。可逆要求与最大实体要求可联合使用。

有些零部件的几何公差项目、数值及采用的公差原则(要求)在相关标准中已做了规定(如与滚动轴承配合的轴、箱体孔、键、花键、齿轮坯、齿轮箱体等)，应遵守之。

3. 形位误差的检测

与理想要素比较的原则是将被测实际要素与理想要素相比较，在比较中获得的数据经过处理可得到形位误差值。测量坐标原则是利用坐标测量装置测出被测要素各点的坐标，经数据处理可得到形位误差值。测量特征参数原则是测量被测要素上具有代表性的参数来近似表示该要素的形位误差。测量跳动原则简单、方便，适用于跳动误差。

通过实验，掌握直线度误差、孔心线的平行度、垂直度误差、圆度误差等常用的测量方法和数据处理。

3.2 典型例题

1. 几何公差特征共有几项？其名称和符号是什么？

答：国家标准 GB/T 1182 规定的几何公差的特征项目分为形状公差、方向公差、位置公差和跳动公差四大类，共有 19 项，用 14 种特征符号表示。

它们的名称和符号如表 3-1 所示。

表 3-1

公差类型	几何特征	符号	有无基准	公差类型	几何特征	符号	有无基准
形状公差	直线度	—	无	方向公差	面轮廓度	⌒	有
	平面度	▱	无	位置公差	位置度	⊕	有
	圆度	○	无		同心度 (用于中心点)	◎	有
	圆柱度	⌀	无		同轴度 (用于轴线)	◎	有
	线轮廓度	⌒	无		对称度	═	有
	面轮廓度	⌒	无		线轮廓度	⌒	有
方向公差	平行度	∥	有		面轮廓度	⌒	有
	垂直度	⊥	有	跳动公差	圆跳动	↗	有
	倾斜度	∠	有		全跳动	⟋⟋	有
	线轮廓度	⌒	有				

2. 举例说明什么是最小条件？为什么要规定最小条件？

答：最小条件是指被测实际要素对其理想要素的最大变动量为最小。规定最小条件是为了使评定结果唯一，同时使工件最大限度地满足要求。

3. 公差原则包括哪些内容？说明公差原则(或要求)的含义，并简述其应用场合。

答：确定尺寸公差与几何公差之间相互关系的原则称为公差原则，它分为独立原则和相关要求两大类。相关要求包括包容要求、最大实体要求、最小实体要求和可逆要求。

包容要求是指当实际尺寸处处为最大实体尺寸时，其几何公差为零；当实际尺寸偏离最大实体尺寸时，允许的几何误差可以相应增加，增加量为实际尺寸与最大实体尺寸之差(绝对值)，其最大增加量等于尺寸公差。

最大实体要求用于被测要素时，被测要素的几何公差值是在该要素处于最大实体状态时给定的。当被测要素的实际轮廓偏离其最大实体状态，即实际尺寸偏离最大实体尺寸时，允许的几何误差值可以增加，偏离多少，就可以增加多少，其最大增加量等于被测要素的尺寸公差值。

最小实体要求用于被测要素时，被测要素的几何公差是在该要素处于最小实体状态时给定的。当被测要素的实际轮廓偏离其最小实体状态，即实际尺寸偏离最小实体尺寸时，允许的几何误差值可以增大，偏离多少，就可以增加多少，其最大增加量等于被测要素的尺寸公差值。

可逆要求不能单独采用，只能与最大实体要求或最小实体要求一起应用。

可逆要求用于最大实体要求，除了具有上述最大实体要求用于被测要素时的含义(当被测要素实际尺寸偏离最大实体尺寸时，允许其形位误差增大，即尺寸公差向几何公差转化)外，还表示当几何误差小于给定的几何公差值时，也允许实际尺寸超出最大实体尺寸；当几何误差为零时，允许尺寸的超出量最大可为几何公差值，从而实现尺寸公差与几何公差相互转换的可逆要求。

最小实体要求用于被测要素时，被测要素的几何公差是在该要素处于最小实体状态时给定的。当被测要素的实际轮廓偏离其最小实体状态，即实际尺寸偏离最小实体尺寸时，允许的几何误差值可以增大，偏离多少，就可以增加多少，其最大增加量等于被测要素的尺寸公差值。

4. 选择几何公差包括哪些内容？什么情况选用未注公差？未注公差在图样上如何表示？

答：选择几何公差主要包括正确选择公差特征、公差数值(或公差等级)和公差原则。为了简化制图，对一般机床加工就能保证的形位精度，不必在图样上注出几何公差。采用规定的未注公差值时，应在标题栏或技术要求中注出，参见 GB/T 1184—k。

5. 什么是体外作用尺寸？什么是体内作用尺寸？对于内、外表面，其体外、体内作用尺寸的表达式是什么？

答：体外作用尺寸是指在被测要素的给定长度上，与实际外表面体外相接的最小理想面或与实际内表面体外相接的最大理想面的直径或宽度。体内作用尺寸是指在被测要素的给定长度上，与实际外表面体内相接的最大理想面或与实际内表面体内相接的最小理想面的直径或宽度。体外作用尺寸和体内作用尺寸的表达式如下：

$$d_{fe} = d_a + f \qquad\qquad D_{fe} = D_a - f$$
$$d_{fi} = d_a - f \qquad\qquad D_{fi} = D_a + f$$

式中：d_a 为轴的实际尺寸；D_a 为孔的实际尺寸；f 为几何误差。

6. 什么是最大实体实效尺寸？对于内、外表面，其最大实体实效尺寸的表达式是什么？

答：最大实体实效状态下的体外作用尺寸称为最大实体实效尺寸(d_{MV}，D_{MV})。其表达式如下：

$$d_{MV} = d_M + t \qquad\qquad D_{MV} = D_M - t$$

式中：d_M 为轴的最大实体尺寸；D_M 为孔的最大实体尺寸；t 为几何公差。

7. 什么是最小实体实效尺寸？对于内、外表面，其最小实体实效尺寸的表达式是什么？

答：最小实体实效状态下的体内作用尺寸称为最小实体实效尺寸(d_{LV}，D_{LV})。其表达式如下：

$$d_{LV} = d_L - t \qquad D_{LV} = D_L + t$$

式中：d_L 为轴的最小实体尺寸；D_L 为孔的最小实体尺寸；t 为几何公差。

8. 几何公差带与尺寸公差带有何区别？几何公差的四要素是什么？

答：几何公差带与尺寸公差带的相同点是公差带的功能是相同的。几何公差带限制实际要素变动的区域；尺寸公差带限制实际尺寸变动的区域。只有零件的实际尺寸或实际要素位于其公差带内，才是合格的；否则是不合格的。

几何公差带与尺寸公差带的不同点是：几何公差带通常是空间区域，尺寸公差带是平面区域。

几何公差带由四个要素(形状、大小、方向、位置)组成，尺寸公差带由两个要素(位置、大小)组成。几何公差的四要素是形状、大小、方向和位置。

9. 举例说明什么是可逆要求，有何实际意义。

答：可逆要求是在最大实体要求、最小实体要求应用的基础上才能够使用的，是在被测要素的几何误差没有达到几何公差时，反向补偿给尺寸的相关要求。

可逆要求与最大(最小)实体要求联用，能充分利用公差带，扩大被测要素实际尺寸的范围，使尺寸超过最大(最小)实体尺寸而体外(体内)作用尺寸未超过最大(最小)实体实效边界的废品变为合格品，提高了效益。

10. 将下列几何公差要求标注在图 3-1 上：

(1) 圆锥截面圆度公差为 0.006 mm；

(2) 圆锥素线直线度公差为 7 级($L = 50$ mm)，并且只允许材料向外凸起；

(3) ϕ80H7 遵守包容要求，ϕ80H7 孔表面的圆柱度公差为 0.005 mm；

(4) 圆锥面对 ϕ80H7 轴线的斜向圆跳动公差为 0.02 mm；

(5) 右端面对左端面的平行度公差为 0.005 mm；

(6) 其余几何公差按 GB/T 1184 中 k 级制造。

解：标注如图 3-1 所示。

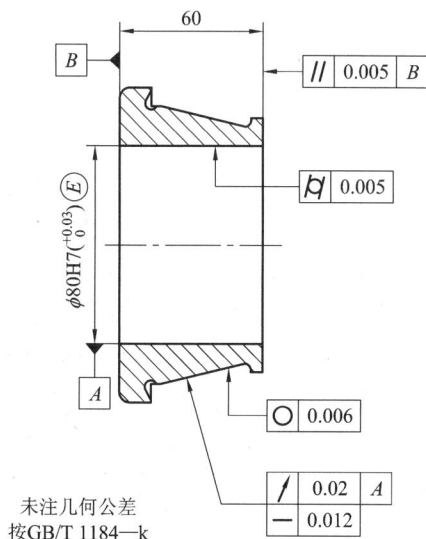

未注几何公差
按GB/T 1184—k

图 3-1

11. 将下列几何公差要求标注在图 3-2 上：

(1) $\phi40_{-0.039}^{0}$ 圆柱面对两 $\phi25_{-0.021}^{0}$ 公共轴线的圆跳动公差为 0.015 mm；

(2) 两 $\phi25_{-0.021}^{0}$ 轴颈的圆度公差为 0.01 mm；

(3) $\phi40_{-0.039}^{0}$ 左、右端面对两 $\phi25_{-0.021}^{0}$ 公共轴线的端面圆跳动公差为 0.02 mm；

(4) 键槽 $10_{-0.036}^{0}$ 中心平面对 $\phi40_{-0.039}^{0}$ 轴线的对称度公差为 0.015 mm。

解：标注如图 3-2 所示。

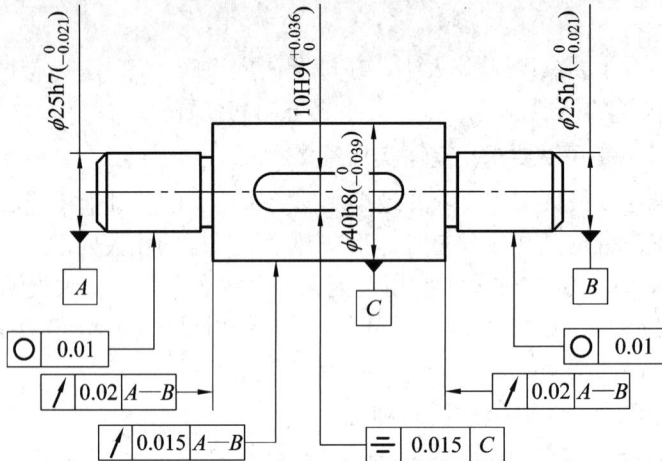

图 3-2

12. 将下列几何公差要求标注在图 3-3 上：

(1) 底平面的平面度公差为 0.012 mm；

(2) $\phi20_{0}^{+0.021}$ 两孔的轴线分别对它们的公共轴线的同轴度公差为 0.015 mm；

(3) $\phi20_{0}^{+0.021}$ 两孔的轴线对底面的平行度公差为 0.01 mm，两孔表面的圆柱度公差为 0.008 mm。

解：标注如图 3-3 所示。

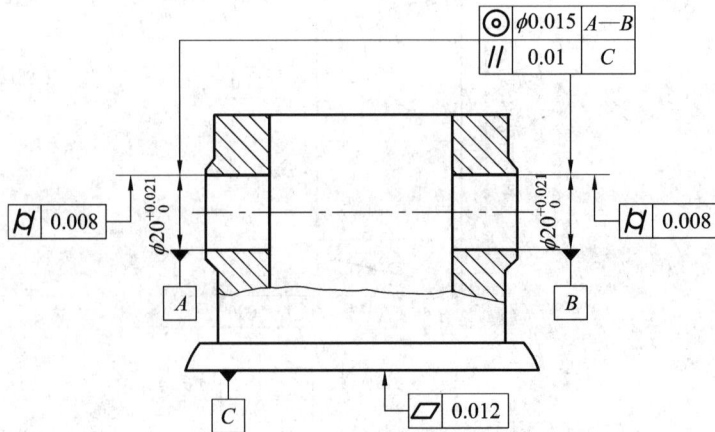

图 3-3

13. 指出图 3-4 中几何公差的标注错误，并加以改正(不允许改变几何公差特征符号)。

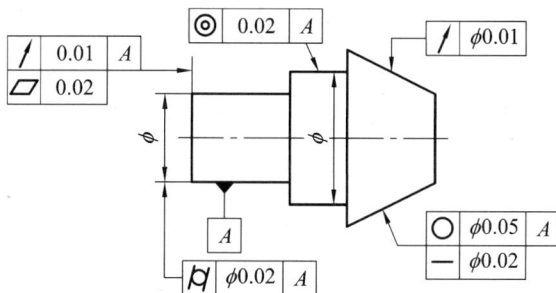

图 3-4

解：改正结果如图 3-5 所示。

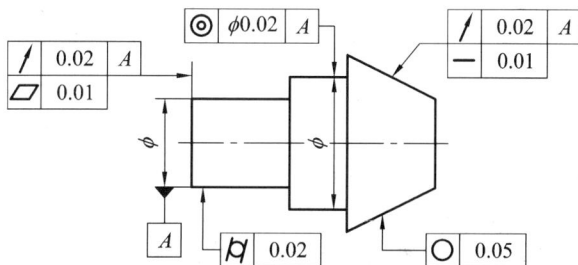

图 3-5

14. 说明图 3-6 中形状公差代号标注的含义(按形状公差读法及公差带含义分别说明)。

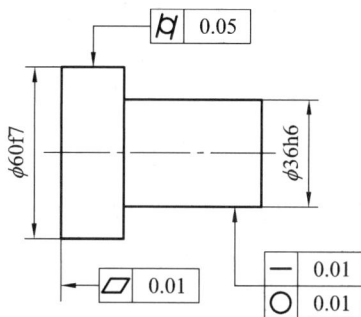

图 3-6

解：(1)　$\phi60f7$ 圆柱面的圆柱度公差值为 0.05 mm，圆柱面必须位于半径差为公差值 0.05 mm 的两同轴圆柱面之间。

(2) 整个零件的左端面的平面度公差是 0.01mm，整个零件的左端面必须位于距离为公差值 0.01mm 的两平行平面之间。

(3)　$\phi36h6$ 圆柱表面上任一素线的直线度公差为 0.01 mm，圆柱表面上任一素线必须位于轴向平面内，距离为公差 0.01 的两平行直线之间。

(4)　$\phi36h6$ 圆柱表面任一正截面的圆的圆度公差为 0.01 mm，在垂直于 $\phi36h6$ 轴线的任一正截面上，实际圆必须位于半径差为公差值 0.01 mm 的两同心圆之间。

15. 说明图 3-7 中形位公差标注的含义。

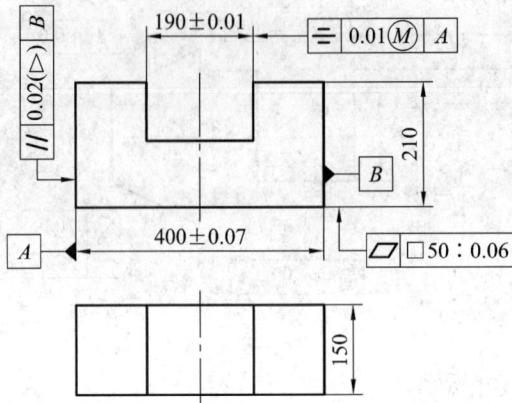

图 3-7

解：(1) 零件的左侧面对基准平面 B(右侧面)的平行度公差为 0.02 mm。若有平行度误差，则允许按符号的方向(即从下往上)逐渐减小。

(2) 零件下表面任一 50 mm × 50 mm 的正方形面积上，平面度公差为 0.06 mm。

(3) 槽的中心平面对基准中心平面 A(零件左、右两侧面的中心平面)的对称度公差为 0.01 mm，被测要素的尺寸公差与对称度公差遵守最大实体原则。

16. 径向圆跳动与同轴度、端面跳动与端面垂直度有哪些关系？

答：径向圆跳动与同轴度的关系：对径向圆跳动，被测要素是圆柱表面；对同轴度，被测要素是圆柱面的轴线。两者之间的关系可以这样来分析，同一测量面内的径向圆跳动主要来自该测量截面内的同轴度误差和圆度误差。若截面轮廓线为一理想圆，则径向圆跳动主要由同轴度误差引起；若该被测截面没有同轴度误差，则径向圆跳动主要由圆度误差引起。由此可见，存在同轴度误差必然存在径向圆跳动，而存在径向圆跳动并不能说明一定有同轴度误差。径向圆跳动公差能综合控制同轴度误差和圆度误差。

端面圆跳动与端面垂直度的关系：端面圆跳动与端面垂直度的被测要素都是端面，基准都是轴心线。二者都可控制回转体端面形位误差，但控制效果不尽一样。端面圆跳动控制端面的被测圆周上各沿轴向的位置误差，不能控制整个被测端面的垂直度误差和平面度误差。垂直度公差可以综合控制整个被测端面对基准轴线的垂直度误差和平面度误差。由此可见，被测端面存在圆跳动误差，必然存在垂直度误差；而存在垂直度或平面度误差，不一定存在圆跳动误差。

17. 试述径向全跳动公差带与圆柱度公差带、端面全跳动公差带与回转体端面垂直度公差带的异同点。

答：径向全跳动公差带与圆柱度公差带形状相同，区别在于径向全跳动公差带必须与基准轴线同轴，位置是固定的；而圆柱度公差带的轴线则与其它无关，位置浮动。

端面全跳动公差带与回转体端面垂直度公差带形状一样，均为垂直于基准轴线的一对平行平面。公差带的另三个要素只要公差值相同，则大小、方向、位置完全相同。

18. 什么叫实效尺寸？它与作用尺寸有何关系？

答：被测要素的最大实体尺寸和允许扩散工艺最大形位误差的综合结果所形成的极限

状态，称为实效状态。实效状态时的边界尺寸，称为实效尺寸。它与作用尺寸的关系是：实效尺寸是实效状态时理想包容面的尺寸，它是一个定值，即为最大或最小作用尺寸。由此可见，实效尺寸只有一个，作用尺寸有许多。

19. 销轴尺寸标注如图 3-8 所示，试按要求填空。

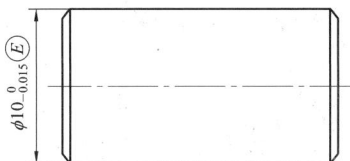

图 3-8

(1) 销轴的局部实际尺寸必须在(ϕ10 mm)至(ϕ9.985 mm)之间。

(2) 当销轴的直径为最大实体尺寸 ϕ10 mm 时，允许的轴线直线度误差为(0 mm)。此时，销轴为一个 ϕ10 mm 的(理想圆柱)。

(3) 当销轴直径实际尺寸分别为 ϕ10 mm、ϕ9.995 mm、ϕ9.99 mm 和 ϕ9.985 mm 时，销轴轴线的直线度公差分别为(0 mm)、(ϕ0.005 mm)、(ϕ0.01 mm)和(ϕ0.015 mm)。

20. 读图 3-9 中形位公差标注，按要求填空。

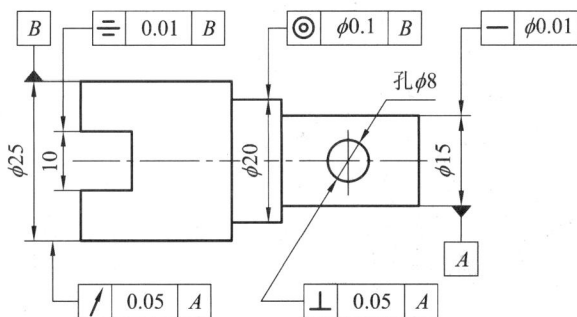

图 3-9

(1) 被测要素：ϕ25 mm 圆柱面；基准要素：ϕ15 mm 圆柱面轴线；公差带形状：两同心圆；

(2) 被测要素：槽 ϕ10 mm 中心平面；基准要素：ϕ25 mm 圆柱面轴线；公差带形状：两平行平面；

(3) 被测要素：ϕ20 mm 轴心线；基准要素：ϕ25 mm 轴的轴心线；公差带形状：一个圆柱面；

(4) 被测要素：孔 ϕ8 mm 轴心线；基准要素：ϕ15 mm 轴的轴心线；公差带形状：两平行平面；

(5) 被测要素：ϕ15 mm 轴的轴心线；公差带形状：一个圆柱面。

3.3　本章习题

一、判断题

1. 实际要素即为被测要素，基准要素即为理想要素。　　　　　　　　　　(　)

2. 圆度和同轴度都用于控制回转体零件的实际要素，故二者可互换使用。（　）

3. 圆柱度公差带与径向全跳动公差带的形状是相同的，只是前者的轴线与基准轴线同轴，后者的轴线是浮动的。（　）

4. 定向公差带具有确定的位置，可以综合控制被测要素的方向和形状。（　）

5. 基准选择时，主要考虑基准统一原则，再兼顾设计要求及装配要求。（　）

6. 径向圆跳动公差带与圆度公差带的区别是两者在形状方面不同。（　）

7. 径向全跳动公差可以综合控制圆柱度和同轴度误差。（　）

8. 形状公差一般用于单一要素，对关联要素在图样上不能给出形状公差要求。（　）

9. 形位公差带比尺寸公差带形状复杂，且种类较多，其主要原因是形位公差所限制的形位要素类型多，且要求的检测方向各不相同。（　）

10. 公差带的大小一般指公差带的宽度和直径尺寸的大小。（　）

11. 圆度公差的被测要素可以是圆柱面，也可以是圆锥面。（　）

12. 跳动公差带具有综合控制被测要素位置、方向和形状的功能。（　）

13. 同轴度公差和对称度公差的被测要素和基准要素可以是轮廓要素，也可以是中心要素。（　）

14. 圆跳动和全跳动的划分是按被测要素的大小而定的，当被测要素面积较大时为全跳动；反之为圆跳动。（　）

15. 只要统一要素有一个以上的公差特征项目要求时，就可将一个公差框格放在另一个公差框格的下面，用同一指引线指向被测要素。（　）

16. 最大实体尺寸一定大于最小实体尺寸。（　）

17. 采用零形位公差，指在任何情况下被测要素的形位公差总是零。（　）

18. 最大实体要求应用于被测要素又应用于基准要素时，公差值只能从被测要素或基准要素一处得到补偿。（　）

19. 包容要求是要求实际要素处处不超越最小实体边界的一种公差原则。（　）

20. 采用包容和最大实体要求的被测要素，形位误差可以从尺寸公差上获得一定的补偿。（　）

二、选择题

1. 下列要素中，不属于组成要素的是（　）。
A. 球心　　　　　B. 圆柱面　　　　　C. 球心　　　　　D. 圆锥面

2. 几何公差的基准代号中，字母的书写方向为（　）。
A. 与基准一致　　　　　　　　B. 水平
C. 垂直　　　　　　　　　　　D. 任意

3. 下列公差中不属于方向公差的是（　）。
A. 位置度　　　B. 垂直度　　　　　C. 倾斜度　　　　D. 线轮廓度

4. 标准规定方向公差共有（　）个项目。
A. 3　　　　　B. 4　　　　　C. 5　　　　　D. `6

5. 形状公差是为了限制（　）而设置的。
A. 位置误差　　B. 形状误差　　　C. 方向公差　　　　D. 跳动公差

6. 下列几何公差中，属于固定位置公差带的为(　　)。

A. 平行度　　　　　B. 垂直度　　　　　C. 对称度　　　　　D. 直线度

7. 下列几何公差中，属于浮动位置公差带的为(　　)。

A. 同轴度　　　　　B. 直线度　　　　　C. 对称度　　　　　D. 位置度

8. 当公差带的形状为两个平行直线时，适用的公差特征项目为(　　)。

A. 同轴度　　　　　B. 平面度　　　　　C. 圆柱度　　　　　D. 位置度

9. 定向公差带可以综合控制被测要素的(　　)。

A. 形状误差和位置误差　　　　　　　　　B. 方向误差和位置误差

C. 方向误差和尺寸误差　　　　　　　　　D. 形状误差和方向误差

10. 形位公差带的形状取决于(　　)。

A. 公差项目

B. 被测要素的理想形状、公差项目和标注形式

C. 被测要素的理想形状

D. 形位公差的标注形式

11. 零件上的被测要素可以是(　　)。

A. 理想要素和实际要素　　　　　　　　　B. 理想要素和轮廓要素

C. 轮廓要素和中心要素　　　　　　　　　D. 中心要素和理想要素

12. 形状和位置公差带是指限制实际要素变动的(　　)。

A. 范围　　　　　B. 大小　　　　　C. 位置　　　　　D. 区域

13. 关于被测要素，下列说法错误的是(　　)。

A. 零件上给出了形位公差要求的要素称为被测要素

B. 被测要素按功能关系可分为单一要素和关联要素

C. 被测要素只能是轮廓要素而不能是中心要素

D. 被测要素只能是实际要素

14. 关于基准要素，下列说法错误的是(　　)。

A. 确定被测要素方向或(和)位置的要素称为基准要素

B. 基准要素只能是中心要素

C. 基准要素可分为单一基准要素和组合基准要素

D. 图样上标注出的基准要素是理想基准要素，简称基准

15. 关于公差带的方向，下列说法中错误的是(　　)。

A. 公差带的方向是指组成公差带的形位要素的延伸方向

B. 形状公差的公差带方向浮动，而位置公差的公差带方向固定

C. 公差带方向理论上应与图样中公差框格的指引线箭头方向一致

D. 形状公差带的实际方向由最小条件确定，位置公差带的实际方向应与基准要素的理想要素保持正确的方向关系

16. 关于公差带的位置，下列说法中错误的是(　　)。

A. 形位公差带的位置分为浮动和固定两种

B. 形状公差带的位置浮动，位置公差带的位置固定

C. 公差带的固定位置由图样上给定的基准和理论正确尺寸确定

D. 同轴度、对称度公差的理论正确尺寸为零

17. 尺寸公差与形位公差不能互相补偿的原则或要求是( )。

A. 独立原则　　　　　　　　　　　B. 最大实体要求

C. 最小实体要求　　　　　　　　　D. 包容要求

18. 设计时几何公差值选择的原则是( )。

A. 在满足零件功能要求的前提下选择最经济的公差值

B. 公差值越小越好，因为能更好地满足使用功能要求

C. 公差值越大越好，因为可降低加工成本

D. 尽量多地采用未注公差

19. 形状公差带( )。

A. 方向和位置均是固定的　　　　　B. 方向浮动，位置固定

C. 方向固定，位置浮动　　　　　　D. 方向和位置一般是浮动的

20. 圆度公差和圆柱度公差间的关系是( )。

A. 两者均控制圆柱体类零件的轮廓形状，故两者可替代使用

B. 两者公差带形状不同，因而两者相互独立，没有关系

C. 圆度公差可以控制圆柱度误差

D. 圆柱度公差可以控制圆度误差

21. 对于零件上配合精度要求较高的配合表面一般采用( )。

A. 独立原则　　　　　　　　　　　B. 包容要求

C. 最大实体要求　　　　　　　　　D. 最小实体要求

22. 当最大实体要求应用于被测要素时，被测要素的形位公差能够得到补偿的条件是( )。

A. 实际尺寸偏离最大实体尺寸　　　B. 实际尺寸偏离最大实体实效尺寸

C. 体外作用尺寸偏离最大实体尺寸　D. 体外作用尺寸偏离最大实体实效尺寸

23. 当包容要求用于被测要素时，被测要素的形位公差能够得到补偿的条件是( )。

A. 实际尺寸偏离最大实体尺寸　　　B. 实际尺寸偏离最大实体实效尺寸

C. 体外作用尺寸偏离最大实体尺寸　D. 体外作用尺寸偏离最大实体实效尺寸

24. 生产实际中可用检测( )的方法测量同轴度。

A. 圆度　　　　　　　　　　　　　B. 径向全跳动

C. 圆柱度　　　　　　　　　　　　D. 端面全跳动

三、填空题

1. 构成零件几何特征的点、线、面统称为( )，简称( )。

2. 几何要素按照结构特征分为( )和( )，按照存在状态分为( )和( )，按照所处地位分为( )和( )，按照功能关系分为( )和( )。

3. 国家标准中规定的几何公差特征项目分为( )、( )、( )和( )四大类，共( )项，用( )种特征符号表示。

4. 形状公差特征项目分别为( )、( )、( )、

(　　　　　)、(　　　　　　)和(　　　　　　　　　)；方向公差特征项目分别为(　　　　　　　)、
(　　　　　)、(　　　　　　)、(　　　　　　)和(　　　　　　　)；位置公差特征项目分别为
(　　　　　)、(　　　　　　)、(　　　　　　)、(　　　　　　)和(　　　　　　　)；
跳动公差特征项目分别为(　　　　　　　)和(　　　　　　)。

5. 几何公差在图样上用(　　　　　　　　)的形式标注。图样中围以框格的尺寸称为
(　　　　　)，用来确定要素的(　　　　　　　)位置、方向或轮廓的尺寸，如果是角度，则称
为(　　　　　)。

6. 形状公差是指(　　　　　　)的(　　　　　　　　)所允许的变动量。线轮廓度和
(　　　　)公差统称为(　　　　　)。轮廓度公差无基准要求时为(　　　　　　)，有基准
要求时为(　　　　)、(　　　　　)公差。

7. 评定形状误差的唯一准则是(　　　　　　)，所谓(　　　　　)是指被实际要素对其
(　　　　　)的最大变动量为最小。按最小包容区域评定(　　　　　　)的方法称为最小包容
区域法，最小包容区域是根据(　　　　　)与包容区域的接触状态判别的。

8. 方向公差是关联(　　　　)对(　　　　　)在(　　　　　)上允许的变动量。方向
公差带相对(　　　　)有确定的方向，同时具有控制被测要素(　　　　　)和
(　　　　)的功能。

9. 位置公差是关联(　　　　)对(　　　　　)在(　　　　　)上允许的变动量。位置
公差带相对(　　　　)有确定的位置，同时具有综合控制被测要素(　　　　　)、
(　　　　)和(　　　　)的功能。

10. 为了满足(　　　　　)，可将位置公差的公差带延伸到被测要素实体之外，称为
(　　　　)。

11. 跳动公差是关联(　　　　)绕(　　　　　)回转一周或连续回转时所允许的
(　　　　)。被测要素在某个截面内相对于基准轴线的变动量称为(　　　　　)，整个被
测要素相对于基准轴线的变动量称为(　　　　)。跳动公差带具有综合控制被测要素
(　　　　)、(　　　　)和(　　　　)的功能。

12. 方向、位置误差是关联实际要素对其(　　　　　)的变动量，(　　　　　)的方向
或位置由(　　　　)确定。为正确评定方向、位置误差，基准要素的位置应该符合
(　　　　)，即用(　　　　)找出该实际基准要素的(　　　　　)，用(　　　　)来
作为基准评定方向、位置误差。

13. 同一被测要素上，既有几何公差又有尺寸公差时，确定几何公差与尺寸公差之间
相互关系的原则称为(　　　　)。它分为(　　　　　)和(　　　　　)两大类。

14. 在实际要素的任意正截面上，两对应点之间测得的距离称为(　　　　　　)。

15. 实际要素在给定长度上处处位于(　　　　　)之内，并具有(　　　　　)最大时的
状态称为(　　　　)。由设计给定的具有(　　　　　)的极限包容面称为(　　　　　)。

16. 实际要素在给定长度上处处位于(　　　　　)之内，并具有(　　　　　)最小时的
状态称为(　　　　)。

17. 实际要素在给定长度上，处于(　　　　　)状态且其(　　　　　)的形状或位置
(　　　　)等于给定的(　　　　　)时的综合极限状态，称为(　　　　)。最大实体实
效状态下的体外作用尺寸称为(　　　　　　)。尺寸为最大实体实效尺寸边界称为

（　　　　），用（　　　　　　）表示。

18. 实际要素在给定长度上，处于（　　　　　　）状态且其（　　　　）的形状或位置（　　　　　）等于给定的（　　　　　　）时的综合极限状态，称为最小实体实效状态。最小实体实效状态下的（　　　　　）尺寸称为（　　　　　　）。尺寸为最小实体实效尺寸边界称为（　　　　　），用（　　　　　）表示。

19. 对立原则是指被测要素在图样上给出的（　　　　　　）与（　　　　　）各自独立，应分别满足要求的（　　　　　　　）。独立原则是标注几何公差和尺寸公差相互关系的（　　　　　）。

20. 相关要求是指图样上给定的（　　　　　　）与（　　　　　　）相互有关，它分为（　　　　）、（　　　　　）、（　　　　　）和（　　　　　）。（　　　　　　）不能单独采用。包容要求表示实际要素应遵守其（　　　　　　）边界，其局部实际尺寸不得超出（　　　　　　）尺寸。

21. 最大实体要求是控制被测要素的实际轮廓处于其（　　　　　　）边界之内的一种公差要求。当其（　　　　　）偏离最大实体尺寸时，允许其（　　　　　）值超出其给出的公差值。最大实体要求既适用于（　　　　　　）要素也适用于（　　　　　）要素。

四、名词解释

1. 形状误差与形状公差。

2. 位置误差与位置公差。

3. 轮廓要素与中心要素。

4. 实际要素与理想要素。

5. 被测要素与基准要素。

6. 单一要素与关联要素。

7. 基准与基准体系。

8. 定向误差与定位误差。

9. 理论正确尺寸。

10. 圆跳动与全跳动。

11. 公差原则。

12. 独立原则与包容要求。

13. 最大实体要求与最小实体要求。

14. 可逆要求。

15. 局部实际尺寸。

16. 体外作用尺寸与体内作用尺寸。

17. 最大实体状态、尺寸、边界。

18. 最小实体状态、尺寸、边界。

19. 最大实体实效状态、尺寸、边界。

20. 最小实体实效状态、尺寸、边界。

五、简答题

1. 几何公差带由哪四个要素构成？分析比较各项形状公差带和位置公差带的特点。

2. 简述理想要素与实际要素的区别。

3. 几何公差的项目有多少？其名称和符号是什么？

4. 几何公差的公差带有哪几种主要形式？几何公差带由什么组成？

5. 基准的形式通常有几种？位置度为何提出三基面体系要求？基准标注不同,对公差带有何影响？

6. 理论正确尺寸是什么？在图样上如何表示？在形位公差中它起什么作用？

7. 评定几何误差的最小条件是什么？

8. 最大实体状态和最大实体实效状态的区别是什么？

9. 端面对轴线的垂直度和端面圆跳动、同轴度和径向圆跳动、圆柱度和径向全跳动各有何区别？如何选用？

10. 什么是局部实际尺寸与最大(最小)实体尺寸？什么是作用尺寸与实效尺寸？它们之间有何联系与区别？

11. 独立原则、包容要求、最大实体要求各用于什么场合？

12. 什么是几何公差带？几何公差带和尺寸公差带有什么主要区别？

13. 为什么说跳动公差带可以综合控制被测要素的位置、方向或形状误差？试举例说明。

14. 说明圆度、圆柱度、径向圆跳动三个公差带的区别与联系。

15. 说明端面全跳动和端面对轴线的垂直度两个公差带的区别与联系。

六、标注题

1. 将下列技术要求标注在图 3-10 上。

(1) ϕ100h6 圆柱表面的圆度公差为 0.005 mm；

(2) ϕ100h6 轴线对 ϕ40P7 孔轴线的同轴度公差为 ϕ0.015 mm；

(3) ϕ40P7 孔的圆柱度公差为 0.005 mm；

(4) 左端的凸台平面对 ϕ40P7 孔轴线的垂直度公差为 0.01 mm；

(5) 右凸台端面对左凸台端面的平行度公差为 0.02 mm。

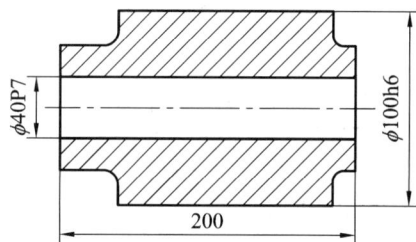

图 3-10

2. 将下列技术要求标注在图 3-11 上。

(1) 圆锥面的圆度公差为 0.01 mm，圆锥素线直线度公差为 0.02 mm；

(2) 圆锥轴线对 ϕd_1 和 ϕd_2 两圆柱面公共轴线的同轴度为 0.05 mm；

(3) 端面 I 对 ϕd_1 和 ϕd_2 两圆柱面公共轴线的端面圆跳动公差为 0.03 mm；

(4) ϕd_1 和 ϕd_2 圆柱面的圆柱度公差分别为 0.008 mm 和 0.006 mm。

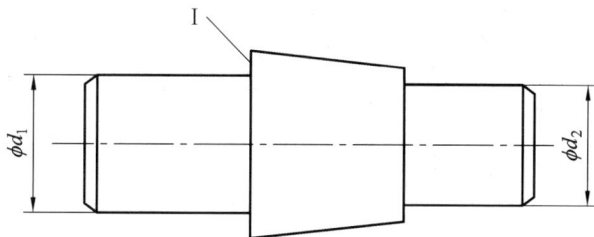

图 3-11

3. 将下列技术要求标注在图 3-12 上。

(1) 左端面的平面度公差为 0.01 mm，右端面对左端面的平行度公差为 0.04 mm；

(2) $\phi70H7$ 孔的轴线对左端面的垂直度公差为 0.02 mm；

(3) $\phi210h7$ 轴线对$\phi70H7$ 孔轴线的同轴度公差为$\phi0.03$ mm；

(4) 4-$\phi20H8$ 孔的轴线对左端面(第一基准)和$\phi70H7$ 孔轴线的位置度公差为$\phi0.15$ mm。

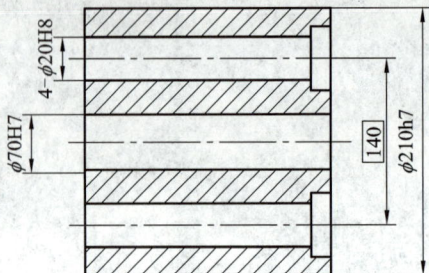

图 3-12

4. 试将下列技术要求标注在图 3-13 上。

(1) 2-ϕd 轴线对其公共轴线的同轴度公差为$\phi0.02$ mm；

(2) ϕD 轴线对 2-ϕd 公共轴线的垂直度公差为 0.02 mm；

(3) 槽两侧面对ϕD 轴线的对称度公差为 0.04 mm。

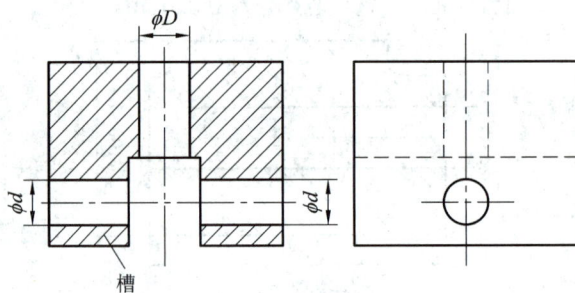

图 3-13

5. 试将下列技术要求标注在图 3-14 上。

(1) 圆锥面 a 的圆度公差为 0.1 mm；

(2) 圆锥面 a 对孔轴线 b 的斜向圆跳动公差为 0.02 mm；

(3) 基准孔轴线 b 的直线度公差为 0.005 mm；

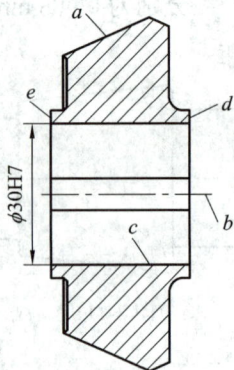

图 3-14

(4) 孔表面 c 的圆柱度公差为 0.01 mm；

(5) 端面 d 对基准孔轴线 b 的端面全跳动公差为 0.01 mm；

(6) 端面 e 对端面 d 的平行度公差为 0.03 mm。

6. 试将下列技术要求标注在图 3-15 上。

(1) ϕ30K7 和 ϕ50M7 采用包容原则；

(2) 底面 F 的平面度公差为 0.02 mm；ϕ30K7 孔和 ϕ50M7 孔的内端面对它们的公共轴线的圆跳动公差为 0.04 mm；

(3) ϕ30K7 孔和 ϕ50M7 孔对它们的公共轴线的同轴度公差为 0.03 mm。

(4) 6-ϕ11H10 对 ϕ50M7 孔的轴线和 F 面的位置度公差为 0.05 mm，基准要素的尺寸和被测要素的位置度公差应用最大实体要求。

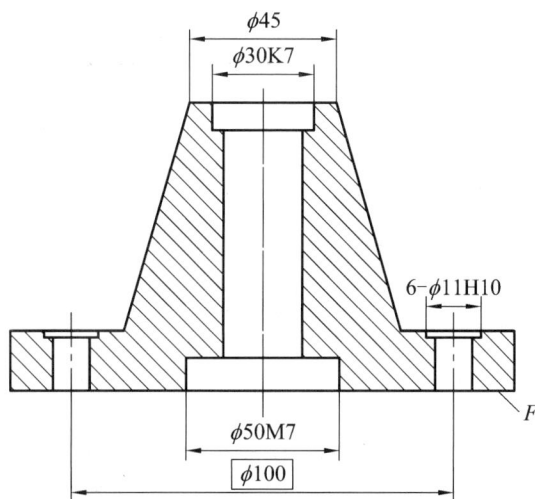

图 3-15

7. 试将下列技术要求标注在图 3-16 上。

(1) $\phi5^{+0.05}_{-0.03}$ mm 的圆柱度误差不大于 0.02 mm，圆度误差不大于 0.0015 mm；

(2) B 面的平面度误差不大于 0.001 mm，B 面对 $\phi5^{+0.05}_{-0.03}$ mm 的轴线的端面圆跳动不大于 0.04 mm，B 面对 C 面的平行度误差不大于 0.02 mm；

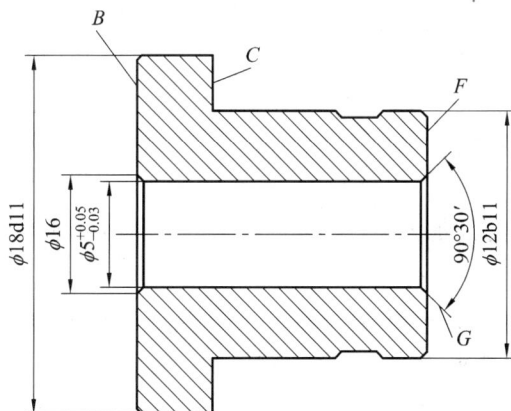

图 3-16

(3) 平面 F 对 $\phi 5^{+0.05}_{-0.03}$ mm 轴线的端面圆跳动不大于 0.04 mm;

(4) $\phi 18$d11 外圆柱面的轴线对 $\phi 5^{+0.05}_{-0.03}$ mm 内孔轴线的同轴度误差不大于 0.2 mm;

(5) $\phi 12$b11 外圆柱面轴线对 $\phi 5^{+0.05}_{-0.03}$ mm 孔轴线的同轴度误差不大于 $\phi 0.16$ mm;

(6) 90° 30′ 密封锥面 G 对 $\phi 5^{+0.05}_{-0.03}$ mm 孔轴线的同轴度误差不大于 $\phi 0.16$ mm;

(7) 锥面 G 的圆度误差不大于 0.002 mm。

8. 试将下列技术要求标注在图 3-17 上。

(1) 大端圆柱面的尺寸要求为 $\phi 45^{0}_{-0.02}$,并采用包容要求;

(2) 小端圆柱面轴线对大端圆柱面轴线的同轴度公差为 0.03 mm;

(3) 小端圆柱面的尺寸要求为 $\phi 25 \pm 0.007$ mm,素线直线度公差为 0.01 mm,并采用包容要求。

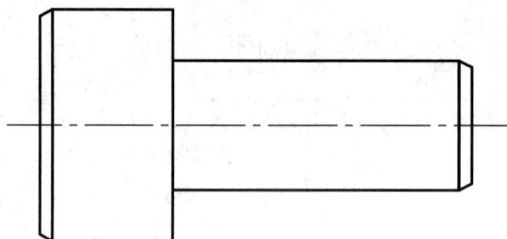

图 3-17

9. 试将下列技术要求标注在图 3-18 上。

(1) ϕd 圆柱面的尺寸为 $\phi 30^{0}_{-0.025}$ mm,采用包容要求,ϕD 圆柱面的尺寸为 $\phi 50^{0}_{-0.039}$ mm,采用独立原则;

(2) ϕd 表面粗糙度的最大允许值为 $R_a = 1.25$ μm,ϕD 表面粗糙度的最大允许值为 $R_a = 2$ μm;

(3) 键槽侧面对 ϕD 轴线的对称度公差为 0.02 mm;

(4) ϕD 圆柱面对 ϕd 轴线的径向圆跳动量不超过 0.03 mm,轴肩端平面对 ϕd 轴线的端面圆跳动不超过 0.05 mm。

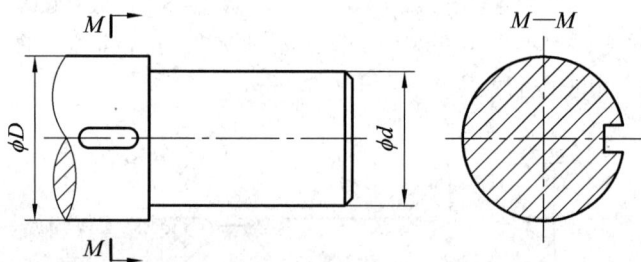

图 3-18

10. 将下列形位公差要求标注在图 3-19 上。

(1) 圆锥面圆度公差为 0.006 mm;

(2) 圆锥素线直线度公差为 7 级($L = 50$ mm),并且只允许材料向外凸起;

(3) $\phi 80$H7 遵守包容要求,其孔表面的圆柱度公差为 0.005 mm;

(4) 圆锥面对 $\phi 80$H7 轴线的斜向圆跳动公差为 0.02 mm;

(5) 右端面对左端面的平行度公差为 0.005 mm;

(6) 其余形位公差按 GB/T 1184—1996 中 k 级制造。

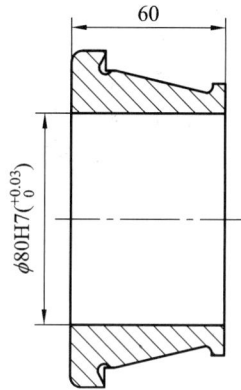

图 3-19

七、改错题

1. 改正图 3-20 中各项形位公差标注中的错误(不得改变形位公差项目)。

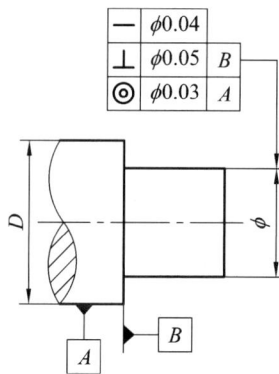

图 3-20

2. 改正图 3-21 中各项形位公差标注中的错误(不得改变形位公差项目)。

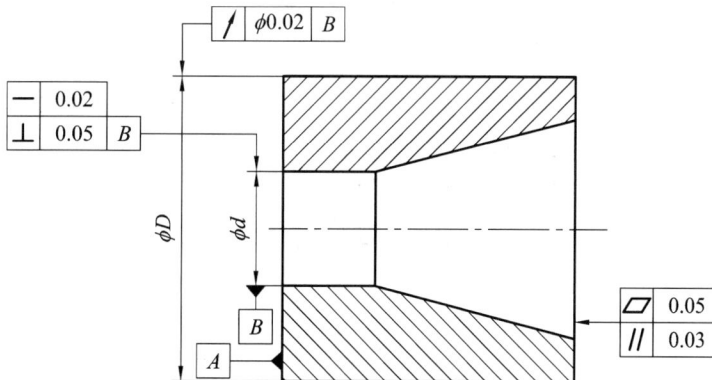

图 3-21

3. 改正图 3-22 中各项形位公差标注中的错误(不得改变形位公差项目)。

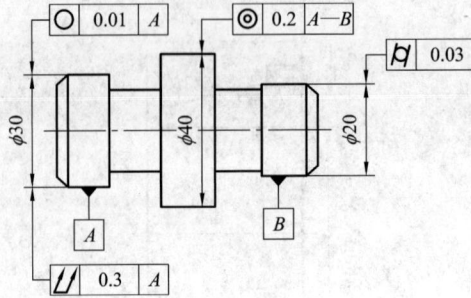

图 3-22

4. 改正图 3-23 中各项形位公差标注中的错误(不得改变形位公差项目)。

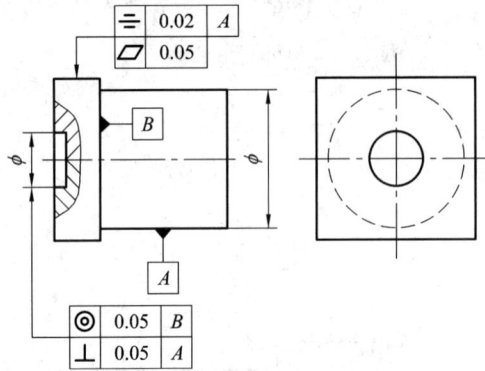

图 3-23

5. 改正图 3-24 中各项形位公差标注中的错误(不得改变形位公差项目)。

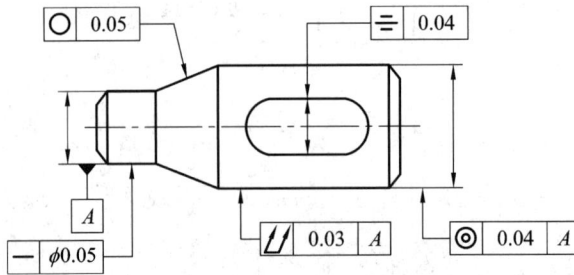

图 3-24

6. 改正图 3-25 中各项形位公差标注中的错误(不得改变形位公差项目)。

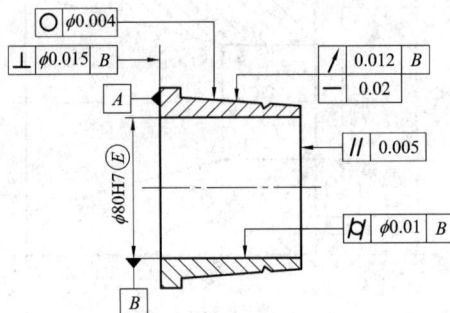

图 3-25

7. 改正图 3-26 中各项形位公差标注中的错误(不得改变形位公差项目)。

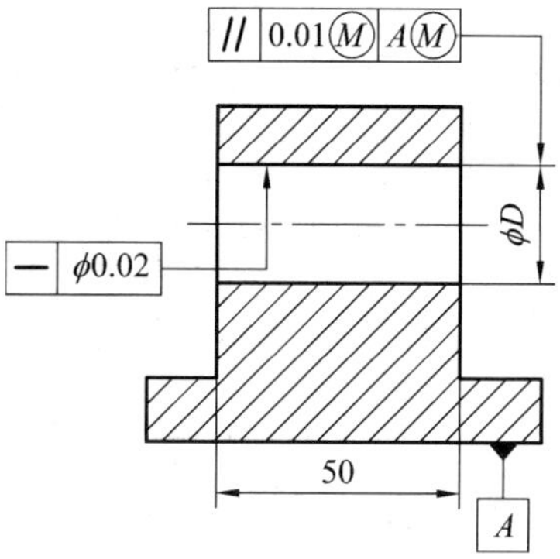

图 3-26

8. 改正图 3-27 中各项形位公差标注中的错误(不得改变形位公差项目)。

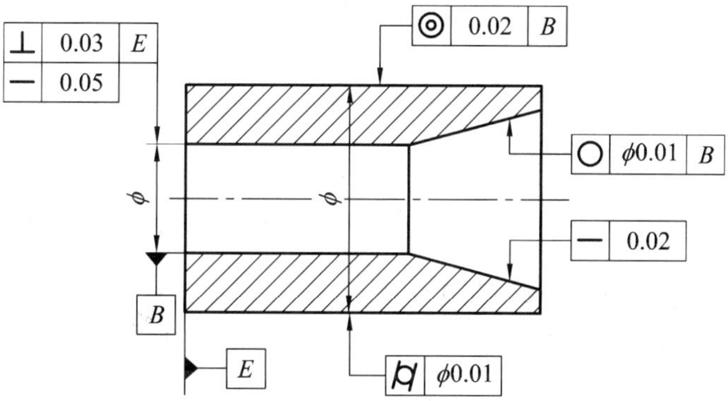

图 3-27

9. 改正图 3-28 中各项形位公差标注中的错误(不得改变形位公差项目)。

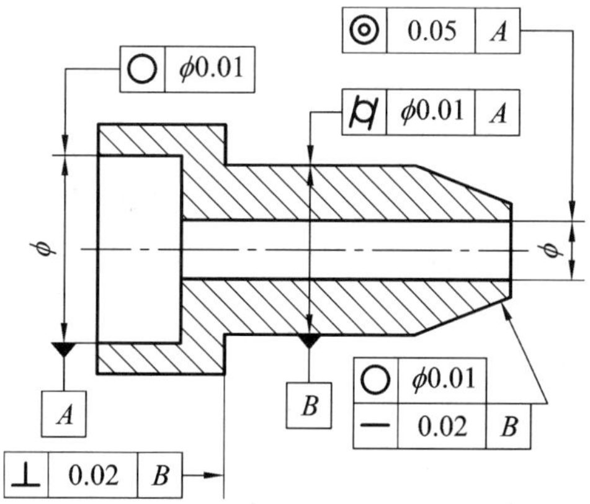

图 3-28

10. 改正图 3-29 中各项形位公差标注中的错误(不得改变形位公差项目)。

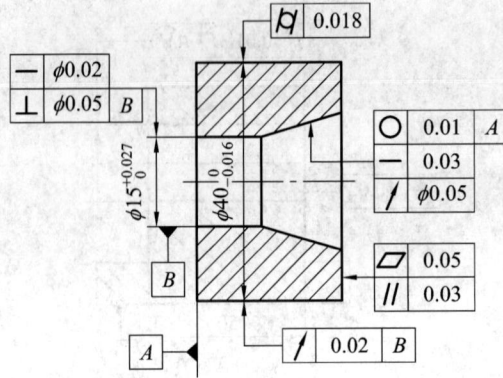

图 3-29

八、综合题

1. 从项目名称、被测要素、基准要素、公差带形状、公差带大小、公差带方向与公差带位置几个方面说明图 3-30 中形位公差标注的意义。

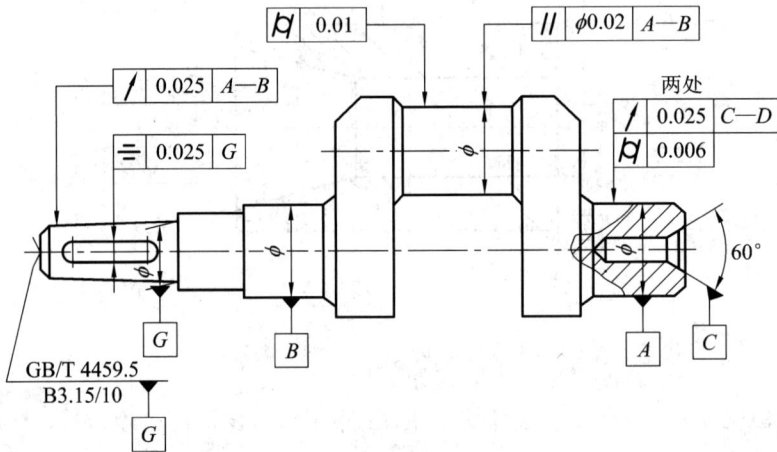

图 3-30

2. 从项目名称、被测要素、基准要素、公差带形状、公差带大小、公差带方向与公差带位置几个方面说明图 3-31 中形位公差标注的意义。

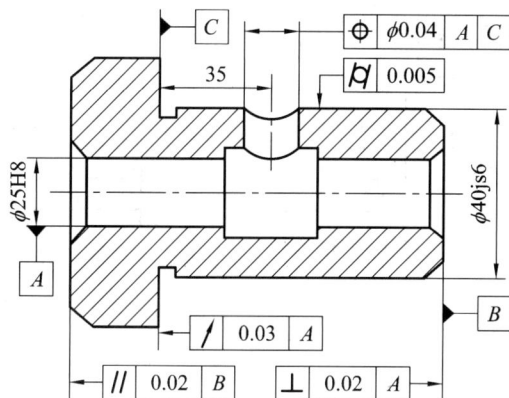

图 3-31

3. 如图 3-32 所示销轴的三种形位公差标注，它们的公差带有何不同？

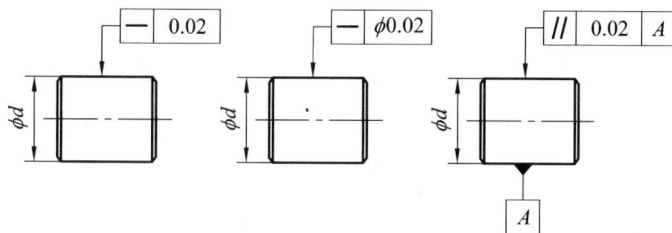

图 3-32

4. 根据图 3-33，指出所采用的公差原则、边界、边界尺寸值、给定的形位公差值及可能允许的最大形位误差值。

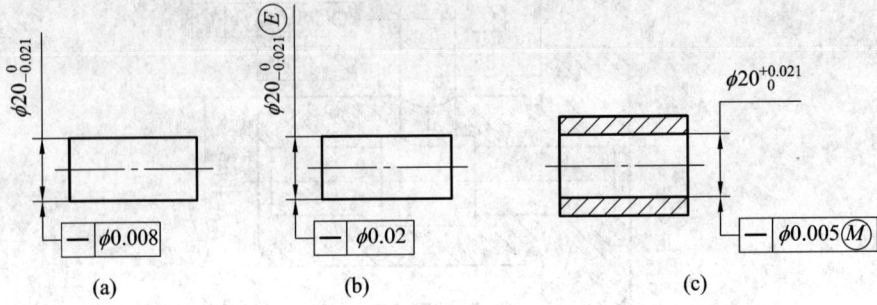

图 3-33

5. 根据图 3-34，指出所采用的公差原则、边界、边界尺寸值、给定的形位公差值及可能允许的最大形位误差值。

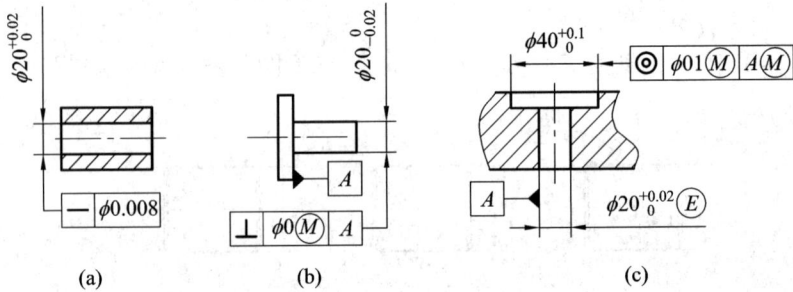

图 3-34

6. 如图 3-35 所示，被测要素采用的公差原则是(　　　　)，最大实体尺寸是(　　　　)mm，最小实体尺寸是(　　　　)mm，实效尺寸是(　　　　)mm，垂直度公差给定值是(　　　　)mm，垂直度公差最大补偿值是(　　　　)mm。设孔的横截面形状正确，当孔实际尺寸处处都为$\phi60$ mm 时，垂直度公差允许值是(　　　　)mm；当孔实际尺寸处处都为$\phi60.10$ mm 时，垂直度公差允许值是(　　　　)mm。

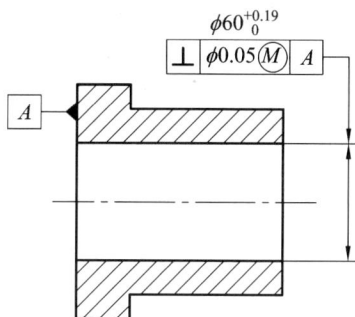

图 3-35

7. 如图 3-36 所示，被测要素采用的公差原则是(　　　　)，最大实体尺寸是(　　　　)mm，最小实体尺寸是(　　　　)mm，实效尺寸是(　　　　)mm。当该轴实际尺寸处处加工到 20 mm 时，垂直度误差允许值是(　　　　)mm；当该轴实际尺寸处处加工到$\phi19.98$ mm 时，垂直度误差允许值是(　　　　)mm。

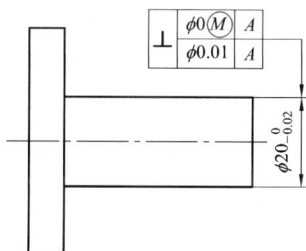

图 3-36

8. 如图 3-37 所示，若被测孔的形状正确。

(1) 测得其实际尺寸为$\phi30.01$mm，而同轴度误差为$\phi0.04$ mm，求该零件的实效尺寸、作用尺寸。

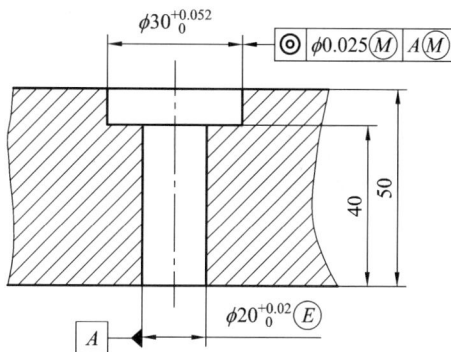

图 3-37

(2) 若测得实际尺寸为的 $\phi30.01$ mm、$\phi20.01$ mm，同轴度误差为 $\phi0.05$ mm，该零件是否合格？为什么？

(3) 可允许的最大同轴度误差值是多少？

9. 如图 3-38 所示，要求：

(1) 指出被测要素遵守的公差原则；

(2) 求出单一要素的最大实体实效尺寸，关联要素的最大实体实效尺寸；

(3) 求被测要素的形状、位置公差的给定值、最大允许值的大小；

(4) 若被测要素实际尺寸处处为 $\phi19.97$ mm，轴线对基准 A 的垂直度误差为 $\phi0.09$ mm，判断其垂直度的合格性，并说明理由。

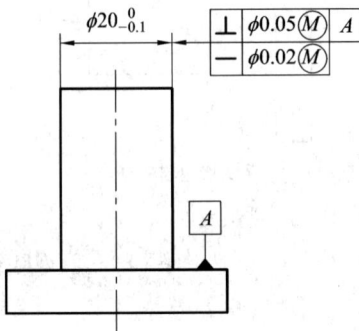

图 3-38

10. 如图 3-39 所示，要求：

(1) 采用什么公差原则？

(2) 被测要素的同轴度公差是在什么状态下给定的？

(3) 当被测要素尺寸为 $\phi30.021$ mm，基准要素尺寸为 $\phi20.013$ mm 时，同轴度允许的最大公差可达多少？(基准要素未注直线度公差值为 0.03 mm)

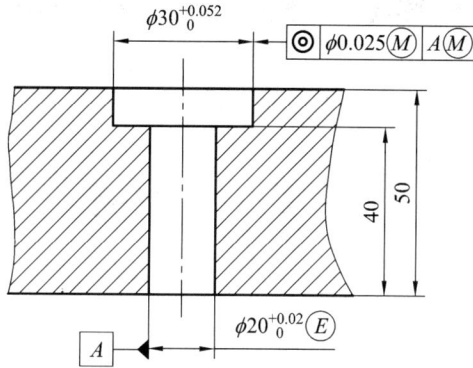

图 3-39

第4章　表面粗糙度

4.1　学习指导

4.1.1　重点与难点

本章重点与难点如下：

(1) 掌握表面粗糙度的基本概念，理解粗糙度对产品性能的影响；

(2) 掌握表面粗糙度的评定参数，了解有关国家标准的规定；

(3) 掌握表面粗糙度的选择及其标注方法。

4.1.2　知识体系

1. 表面粗糙度的概念

表面粗糙度是由加工方法和其他因素作用所形成的零件表面微观几何形状误差。应分清其与宏观几何形状误差的区别。

表面粗糙度主要影响产品零件的下列性能：耐磨性、配合性质的稳定性、疲劳强度、抗腐蚀性和密封性。

2. 表面粗糙度的评定

取样长度是指评定表面粗糙度时所规定的一段基准线长度，它不是实测时取的长度；而评定长度是对表面粗糙度检测评定时在零件表面上必需的所取长度。国家标准中推荐评定长度是取样长度的 5 倍。

表面粗糙度为了客观真实地评定表面的粗糙程度，表面粗糙时，选取的取样长度和评定长度值较大；反之，则取较小的值。

掌握轮廓最小二乘中线、轮廓算术平均中线、幅度参数、间距参数的概念及其应用。幅度参数、间距参数越大，表面越粗糙；幅度参数、间距参数越小，则表面越光洁。

国家标准对表面粗糙度的参数值进行了规定，列在有关表中。

3. 表面粗糙度的标注

1) 表面粗糙度评定参数的选择

在常用值范围内，优先选用 R_a。幅度参数是必选参数，附加参数可视使用要求加选。当表面很粗糙($R_a > 6.3\ \mu m$)或很光滑($R_a < 0.025\ \mu m$)，或测量面积很小时，可选 R_z。

2) 参数值的选择

表面粗糙度的评定参数值的选择原则是在满足功能要求的前提下，应尽量选用较大的表面粗糙度值。

工作表面比非工作表面、摩擦表面比非摩擦表面、运动速度高的表面比运动速度低的表面、单位压力大的摩擦表面比单位压力小的摩擦表面，其表面粗糙度值要小。受循环载荷的表面及应力集中的部位、配合性质要求高的表面、配合间隙小的表面、要求连接可靠并受重载的过盈配合表面，其表面粗糙度值要小。配合性质相同，尺寸越小则表面粗糙度值越小；同一精度等级，小尺寸比大尺寸、轴比孔的表面粗糙度值要小。

3) 表面粗糙度标注中应注意的问题

对表面粗糙度符号、代号的种类、意义及其在图样上的标注示例在教材中都给予了详细的介绍，在应用中要注意重点掌握参数的标注方法，特别是幅度参数，这是应用最广的标注。通常图样上只标注 R_a 或 R_z 参数，其余参数只在需要时才标注。带有横线的表面粗糙度符号其方位不便标注时，可从被测表面用引出线引出，在引出的水平线上标注。当零件的大部分表面具有相同的表面粗糙度要求时，对其中使用最多的一种符号、代号可以统一注在图样的右上角，并加注"其余"两字。当零件所有表面具有相同的表面粗糙度要求时，其符号、代号可在图样的右上角统一标注。为了简化标注方法，或者标注位置受到限制时，可以采用简化代号的方法标注，但必须在标题栏附近说明这些简化代号的意义。同一表面上有不同的表面粗糙度要求时，需用细实线画出其分界线，并注出相应的表面粗糙度代号。

4.2 典 型 例 题

1. 实际表面、表面轮廓有何关系？表面轮廓与原始轮廓、波纹度以及表面粗糙度之间有何关系？

答：实际表面是零件的真实表面。表面轮廓是指理想平面与实际表面相截所得到的交线。原始轮廓、波纹度和表面粗糙度，这三种轮廓是对表面轮廓运用不同截止波长的轮廓滤波器滤波后获得的。

2. 表面粗糙度对零件的工作性能有何影响？

答：表面粗糙度对零件的工作性能影响如下：影响零件的耐磨性；影响配合性质的稳定性；影响疲劳强度；影响抗腐蚀性；其它的影响，对接触刚度、密封性、产品外观及表面反射能力等都有明显的影响。

3. 表面粗糙度评定参数 R_a 和 R_z 的含义是什么？

答：表面粗糙度评定参数 R_a：在一个取样长度内，纵坐标 $Z(x)$ 绝对值的算术平均值。表面粗糙度评定参数 R_z：在一个取样长度内，最大轮廓峰高和最大轮廓谷深之和的高度。

4. 选择表面粗糙度参数值时，应考虑哪些因素？

答：表面粗糙度的评定参数值的选用原则是在满足功能要求的前提下，参数的允许值应尽可能大些(除 $Rmr(c)$ 外)，以减小加工难度，降低生产成本。同一零件上，工作表面的 R_a 或 R_z 值比非工作表面小。摩擦表面 R_a 或 R_z 值比非摩擦表面小。运动速度高、单位面积压力大，以及受交变应力作用的重要零件的圆角沟槽的表面粗糙度要求应较高。配合性质要求高的配合表面(如小间隙配合的配合表面)、受重载荷作用的过盈配合表面的表面粗糙度要求应较高。在确定表面粗糙度参数值时，应注意它与尺寸公差和几何公差协调。尺寸公差值和几何公差值越小，表面粗糙度的 R_a 或 R_z 值越小；同一公差等级时，轴的粗糙度 R_a 或 R_z 值应比孔小。

5. 在一般情况下，$\phi40H7$ 和 $\phi80H7$ 相比，$\phi40H6/f5$ 和 $\phi40H6/s5$ 相比，哪个应选用较小的 R_a 值？

答：$\phi40H7$ 和 $\phi80H7$ 相比，$\phi40H7$ 尺寸小些，加工精度较易保证，所以 $\phi40H7$ 应选用粗糙度值较小 Ra；$\phi40H6/s5$ 和 $\phi40H6/f5$ 相比，$\phi40H6/s5$ 配合是过盈配合，为了连接可靠、安全，应减小粗糙度，以免装配时将微观不平的峰、谷挤平而减小实际过盈量，所以 $\phi40H6/s5$ 的粗糙度值 Ra 应选小些。

4.3　本章习题

一、判断题

1. 表面粗糙度值越小，使用性能越好，所以表面粗糙度值越小越好。　　（　）
2. 配合性质相同，零件尺寸越小则表面粗糙度值应越小。　　（　）
3. 在间隙配合中，由于表面粗糙不平，会因磨损而使间隙迅速增大。　　（　）
4. 标准推荐优先选用轮廓算术平均偏差 Ka，是因为其测量方法简单。　　（　）
5. 评定表面轮廓粗糙度所必需的一段长度称取样长度，包含几个评定长度。　　（　）
6. 由于间距参数影响零件表面的使用性能，因而在进行表面粗糙度标注时，除了要标注高度参数外，还必须标注间距参数。　　（　）
7. 要求耐腐蚀的零件表面，粗糙度数值应小一些。　　（　）
8. 尺寸精度和形状精度要求高的表面，粗糙度值应小一些。　　（　）
9. 在确定表面粗糙度的评定参数值时，取样长度可以任意选定。　　（　）
10. 加工余量标注在表面粗糙度符号右侧，加工纹理方向符号标注在左侧。　　（　）

二、选择题

1. 表面粗糙度反映的是零件加工表面的（　　）。
A. 宏观几何形状误差　　　　B. 微观几何形状误差
C. 宏观相对位置误差　　　　D. 微观相对位置误差
2. 零件加工时，产生表面粗糙度的主要原因是（　　）。
A. 刀具装夹不准确而形成的误差
B. 机床的几何精度方面的误差

C. 机床—刀具—工件系统的振动、发热和运动不平衡

D. 刀具和工件表面摩擦、切屑分离时表面层的塑性变形及工艺系统的高频振动

3. 用以判别具有表面粗糙度特性的一段基准线长度称为(　　)。

A. 基本长度　　　　　　　　　　　　B. 评定长度

C. 取样长度　　　　　　　　　　　　D. 轮廓长度

5. 关于表面粗糙度对零件使用性能的影响，下列说法中错误的是(　　)。

A. 零件表面质量影响间隙配合的稳定性或过盈配合的联接强度

B. 零件的表面越粗糙，越易形成表面锈蚀

C. 表面越粗糙，表面接触受力时，峰顶处塑性变形越大，越降低零件强度

D. 降低表面粗糙度值，可提高零件的密封性能

6. 测量表面粗糙度值，必须确定评定长度的理由是(　　)。

A. 考虑到零件加工表面的不均匀性

B. 减少表面波度对测量结果的影响

C. 减少形状误差对测量结果的影响

D. 使测量工作方便快捷

7. 选择表面粗糙度评定参数值时，下列论述正确的有(　　)。

A. 同一零件上工作表面应比非工作表面参数值大

B. 摩擦表面应比非摩擦表面的参数值小

C. 配合质量要求高，参数值应大

D. 尺寸精度要求高，参数值应大

8. 对于配合性质要求高的表面，应取较小表面粗糙度值，主要理由是(　　)。

A. 使零件表面有较好的外观

B. 保证间隙配合的稳定性或过盈配合的联接强度

C. 便于零件的装拆

D. 提高加工的经济性能

9. 为了在测量范围内较好地反映粗糙度的实际情况，在取样长度范围内，一般至少包含(　　)个轮廓峰和轮廓谷。

A. 3　　　　　　　B. 4　　　　　　　C. 5　　　　　　　D. 6

10. 标准规定，当图样上标注表面粗糙度参数的上限值或下限值，表示参数的实测值中允许少于总数(　　)的实测值超过规定值。

A. 10%　　　　　　B. 16%　　　　　　C. 20%　　　　　　D. 26%

三、填空题

1. 表面轮廓是指(　　　　　)与(　　　　　)相交所得的交线，测得的表面轮廓有三种，即(　　　　)、(　　　　)和(　　　　)。

2. 评定表面粗糙度时，需要规定(　　　　　)和(　　　　　)等技术参数。

3. 中线是具有(　　　　)轮廓形状并(　　　　)轮廓的基准线。中线有(　　　)和(　　　)两种。

4. 国标中规定的评定表面粗糙度的参数有幅度参数、(　　　　)、(　　　　)和

(　　　　)四类。其中幅度参数包括(　　　　)和(　　　　)，代号分别为
(　　　)和(　　　)。

　　5. 表面粗糙度参数中，给定的极值判断规则有(　　　)和(　　　)两种。

四、名词解释

1. 表面粗糙度。

2. 取样长度。

3. 评定长度。

4. 轮廓最小二乘中线。

5. 轮廓算术平均中线。

6. 轮廓算术平均偏差。

7. 轮廓最大高度。

五、简答题

1. 什么是表面粗糙度？表面粗糙度对零件的使用性能有什么影响？

2. 表面粗糙度的选用一般采取什么方法？遵循的总原则是什么？

3. 选择表面粗糙度值时是如何考虑其与尺寸公差、形状公差的关系的？

4. 为什么要规定取样长度和评定长度？两者的区别是什么？关系如何？

5. 国家标准规定了哪些表面粗糙度评定参数？各评定参数的含义及代号是什么？

六、标注题

如图 4-1 所示，零件各加工面均由去除材料方法获得，将下列要求标注在图上。

(1) 直径为 $\phi50$ 的圆柱外表面粗糙度 R_a 的上限值为 3.2 μm；

(2) 左端面的表面粗糙度 R_a 的上限值为 1.6 μm；

(3) 直径为 $\phi50$ 的圆柱的右端面表面粗糙度 Ra 的上限值为 3.2 μm；

(4) 直径为 $\phi20$ 的内孔表面粗糙度的上限值为 0.8μm，下限值为 0.4 μm；

(5) 螺纹工作面表面粗糙度的最大值为 1.6 μm，最小值为 0.8 μm；

(6) 其余各加工面表面粗糙度 R_a 的上限值为 25 μm。

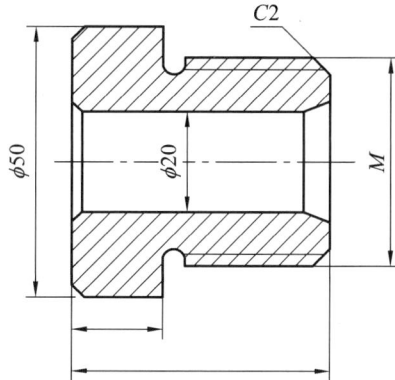

图 4-1

第 5 章　典型零部件公差与检测

5.1　学　习　指　导

5.1.1　重点与难点

本章重点与难点如下：

(1) 掌握滚动轴承互换性的概念以及内、外径公差带特点，能够正确选用滚动轴承的公差配合；

(2) 掌握齿轮和齿轮副的使用要求，理解圆柱齿轮公差项目的定义和作用，并掌握齿轮精度等级和检验项目的选用。

5.1.2　知识体系

1. 滚动轴承

1) 滚动轴承精度等级及其应用

国家标准规定，滚动轴承按其尺寸公差与旋转精度分级：向心轴承(圆锥滚子轴承除外)分为 0、6、5、4、2 五级；圆锥滚子轴承分为 0、6x、5、4、2 五级；推力轴承分为 0、6、5、4 四级。

理论内孔圆柱面直径称为内径 d；理论外圆圆柱面直径称为外径 D；内、外圆两理论端面间的距离称为宽度 B。

滚动轴承中，0 级为普通级，应用广泛，旋转精度要求不高，低、中速的一般旋转机构多采用 0 级；速度较高、旋转精度要求较高的机构可用 6 级；6x 级和 6 级轴承的内径公差、外径公差和径向圆跳动公差的要求完全相同，仅在装配宽度精度要求上，6x 级比 6 级更为严格，若在安装轴承时，不要求人工调整轴向游隙，则应选用 6x 级轴承；高速、高精度的机构才用 5(或 4)级；2 级轴承用于旋转精度或转速要求很高的超精密轴系中。

2) 滚动轴承内、外径的公差带

外圈与壳体孔配合采用基轴制，内圈与轴颈配合采用基孔制。由于滚动轴承是标准件，故均按标准件来确定基准制。

滚动轴承公差带位置：单一平面平均内、外径的公差带都在零线的下方，上偏差为零。

由于滚动轴承是标准部件，其外径与壳体孔配合时，采用基轴制，外圈是基准轴，公差带相当于基准轴 h；内径与轴颈配合时，采用基孔制，轴承内圈是基准孔，但与基准孔 H 公差带不同，不在零线上方，而是在零线下方，这是因为在多数情况下，轴承的内圈随轴一起转动，既要防止它们之间相互运动导致磨损破坏，又要防止两者过盈量太大轴承内圈变形损坏，所以，滚动轴承的公差带位置分布都采用这样的单向制。

　　3) 滚动轴承配合

　　为保证轴承正常的工作性能，安装滚动轴承时必须满足必要的旋转精度以及滚动体与套圈之间有合适的径向游隙和轴向游隙。

　　滚动轴承本身内径和外径的公差带已由其基本尺寸和精度等级所确定，因此，轴承与轴颈及外壳孔间所需配合性质要由轴颈及外壳孔的公差带来确定。也就是说，轴承配合的选择就是要确定与轴承配合的轴颈及外壳孔的公差带。

　　国家标准中，对轴承与轴颈和外壳孔间的配合种类及极限偏差作了相应规定，对不同公差等级的轴承，根据其配合性质的不同要求规定了不同的公差带。轴和外壳孔的公差带应依据所采用轴承的公差等级确定，高等级公差轴承应选用高等级的孔和轴公差带与其相配合。轴公差等级应高于孔公差等级，一般相差一级。轴与轴承内孔的配合应比外壳孔与轴承外径的配合要紧一些。

　　选择轴承配合时，应综合地考虑轴承的工作条件，作用在轴承上的负荷类型和大小，轴承的公差等级、类型、尺寸大小，与轴承相配的轴和壳体的材料、结构，工作温度，装拆和调整要求等因素。

　　2. 圆柱齿轮

　　1) 齿轮传动的要求和误差

　　齿轮传动的四项基本要求为传递运动的准确性，即要求传递运动或分度准确可靠；传动的平稳性，即要求齿轮传动瞬时的传动比变化尽量小；载荷分布的均匀性，即工作齿面的接触区域不能小于允许范围，确保承载能力和寿命；合理的传动侧隙，指非工作齿面间有合适间隙以存储润滑油及补偿变形。

　　常见齿轮加工误差中，几何偏心影响传动的准确性，误差主要来源于齿轮坯基准孔与机床心轴之间有安装偏心；运动偏心影响传动的准确性，误差主要来源于机床工作台分度蜗轮与主轴的偏心；滚刀的加工误差影响传动的平稳性，误差主要来源于滚刀本身的基节、齿形误差；滚刀的安装误差影响载荷分布均匀性，误差主要来源于滚刀刀架或齿轮坯轴线相对工作台轴线倾斜及轴向窜动；齿厚偏差影响侧隙，误差主要来源于安装偏心、刀具进刀位置误差。

　　2) 齿轮精度指标、侧隙指标

　　新国家标准规定齿轮的应检精度指标是齿轮加工制造中的必检项目，有齿距累积总偏差、单个齿距偏差、齿廓总偏差和螺旋线总偏差，应检侧隙指标有齿厚偏差和公法线长度偏差。齿轮的应检精度指标以外的其他精度指标包括齿距累积偏差、齿廓形状偏差、齿廓倾斜偏差、螺旋线形状偏差、螺旋线倾斜偏差、切向综合总偏差、一齿切向综合偏差、径向综合总偏差和径向跳动。

　　齿轮的应检精度指标数量虽然少，但它们能全面评定齿轮传动四个方面的基本要求。

其中齿距累积总偏差是评定传动准确性的综合指标，它既能反映切向误差又能反映径向误差；齿廓总偏差和单个齿距偏差分别反映一对轮齿在啮合过程中以及交替啮合时瞬时传动比的变化，能较全面地反映传动平稳性；螺旋线总偏差直接影响轮齿在齿宽方向的接触好坏，是评定载荷分布均匀性的指标。

侧隙指标可以用齿厚偏差或公法线长度偏差两个指标中的一个来评定，两个指标均能控制合理的侧隙。

齿轮的应检精度指标和侧隙指标在齿轮设计时必须标注，在齿轮加工后必须检验。其他的精度指标则可以根据齿轮的制造及使用等情况决定是否采用及检验。

3) 齿轮精度指标的公差规定

国家标准对齿轮大部分的精度指标规定了 13 个精度等级，即 0～12 级，0 级最高；对少数精度指标(齿轮径向综合总公差、齿轮一齿径向综合公差)规定了 9 个精度等级，即 4～12 级，4 级最高。

精度等级选择的基本方法有类比法和计算法两种，常用的方法是类比法。计算法主要用于精密齿轮传动系统。通常用的精度等级为 6～9 级，它能满足大多数机械产品的使用。在选择中，各项目公差可以选同级或不同级，但精度等级不可相差过大。

4) 齿轮侧隙指标公差

为保证齿轮在工作中保持合理间隙，通常要给出齿厚极限偏差，即确定齿厚的上偏差和下偏差。新国家标准中没有给出齿厚极限偏差的规定值，要由设计人员按其使用情况确定。

由于公法线长度测量比较简单，故生产中常用它来评定。公法线长度的上偏差、下偏差分别由齿厚上偏差、下偏差、径向圆跳动公差换算得到。模数、齿数、标准压力角分别相同的内、外齿轮的公称公法线长度相同。内、外齿轮的公法线长度极限偏差互成倒影关系。因为公法线长度变动，测量没有以齿轮旋转轴线为基准，所以它不能反映齿轮的径向误差，只能反映齿轮的切向误差。用公法线长度极限偏差也能控制齿轮副的侧隙。

5) 齿轮精度设计

圆柱齿轮精度设计的一般步骤是：选择齿轮的精度等级；确定齿轮的精度检验项目的公差或极限偏差；确定齿轮的侧隙指标及其极限偏差；确定齿轮坯公差；确定各表面的表面粗糙度；将各项精度要求正确地标注在齿轮零件工作图上。

5.2 典型例题

1. 滚动轴承与轴颈、外壳孔配合，采用何种基准制？其公差带分布有何特点？

答：滚动轴承与轴颈配合采用基轴制，滚动轴承与外壳孔配合采用基孔制。

标准中规定轴承外圈单一平面平均直径 D_{mP} 的公差带与一般基准轴的公差带位置相同，上偏差为零，下偏差为负。

2. 选择轴承与轴颈、外壳孔配合时主要考虑哪些因素？

答：选择时主要考虑下列影响因素：轴承套圈相对于负荷的状况；负荷的大小；轴承的工作条件；其他因素。

3. 对齿轮传动有哪些使用要求？

答：传递运动准确性；传动平稳性；载荷分布均匀性；侧隙的合理性。

4. 齿轮轮齿同侧齿面的精度检验项目有哪些？它们对齿轮传动主要有何影响？

答：齿轮轮齿同侧齿面的精度检验项目有单个齿距偏差、齿距累积偏差、齿距累积总偏差、齿廓总偏差、齿廓形状偏差、齿廓倾斜偏差、切向综合总偏差、一齿切向综合偏差、螺旋线总偏差、螺旋线形状偏差和螺旋线倾斜偏差。

其中，单个齿距偏差、齿廓总偏差、齿廓形状偏差、齿廓倾斜偏差和一齿切向综合偏差影响齿轮传动的平稳性。齿距累积总偏差和切向综合总偏差影响齿轮传动的准确性。螺旋线总偏差、螺旋线形状偏差和螺旋线倾斜偏差影响齿轮传动的载荷分布均匀性。

5. 切向综合总偏差有什么特点和作用？

答：切向综合总偏差能很好地反映切向、径向的长周期误差，是评价运动准确性的综合指标，可以代替齿距累计总偏差；一齿切向综合偏差能全面反映一对轮齿在啮合过程中以及交替啮合时瞬时传动比的变化，是评价传动平稳性的综合指标，可以代替齿廓总偏差和单个齿距偏差。

6. 径向综合偏差(或径向跳动)与切向综合偏差有何区别？用在什么场合？

答：径向综合偏差只反映径向的误差，不如切向综合偏差全面。由于使用的检测仪器(双面啮合仪)简单、检测效率高，故常作为辅助检测项目，即在批量生产中，用必检项目对首批生产的齿轮进行检验，若符合要求，对后面接着生产的齿轮，就可只检查径向综合偏差，检查由于齿轮加工时安装偏心等原因造成的径向方向的误差。径向跳动与径向综合偏差的性质相同，可以相互替代。

7. 齿轮精度等级的选择主要有哪些方法？

答：齿轮精度等级的选用方法一般有计算法和类比法，大多情况下采用类比法确定。

8. 如何考虑齿轮的检验项目？单个齿轮有哪些必检项目？

答：在检验时，测量全部轮齿要素不经济也不必要。有些要素对于特定齿轮的功能并没有明显影响，且有些测量项目可以代替别的一些项目，如径向综合偏差能代替径向跳动检验。这些项目的误差控制有重复。

评定单个齿轮的加工精度，应检验单个齿距偏差、齿距累积总偏差、齿廓总偏差、螺旋线总偏差。齿距累积总偏差是在高速齿轮中使用的。当检验切向综合偏差时，可不必检验单个齿距偏差和齿距累积总偏差。

5.3　本章习题

一、判断题

1. 滚动轴承外圈与外壳孔配合采用基轴制，内圈与轴颈配合采用基孔制。　　　　（　　）

2. 滚动轴承的基孔制不同于一般的基孔制，内圈公差带分布于零线下方，上偏差为零，下偏差为负。　　　　　　　　　　　　　　　　　　　　　　　　　　　　（　　）

3. 滚动轴承的基本尺寸主要指轴承内径、外径和宽度。　　　　　　　　　　（　　）

4. 作用于轴承上的合成径向负荷如为循环负荷,通常应选用间隙配合或较松的过渡配合。　　　　　　　　　　　　　　　　　　　　　　　　　　　　　　(　　)

5. 公法线平均长度偏差是评定齿轮运动准确性的指标。　　　　　　　　(　　)

6. 测量公法线长度比测量齿厚方便准确,故常用它取代齿厚极限偏差的检测。(　　)

7. 任何一个应检精度指标都可以评定齿轮的精度,故每个应检精度指标所评定的效果是完全相同的。　　　　　　　　　　　　　　　　　　　　　　　　　　(　　)

8. 齿轮加工误差中,几何偏心和运动偏心所产生的齿轮误差以齿轮转动一周为周期,称为短周期误差。　　　　　　　　　　　　　　　　　　　　　　　　　　　(　　)

9. 齿轮应检指标是齿距偏差、齿廓总偏差和螺旋线总偏差。　　　　　　(　　)

10. 通过齿厚的上、下偏差可以换算得到公法线长度的上、下偏差。　　(　　)

二、填空题

1. 滚动轴承的精度是以(　　　　　　)精度和(　　　　　　)精度划分的,共分(　　　　)级。滚动轴承内圈公差带有(　　　　　　)特点,其互换性包括(　　　　　)和(　　　　　)。

2. 滚动轴承国家标准对内圈内径的公差带规定在零线的下方,在多数情况下,轴承内圈随轴一起转动,两者之间的配合必须有一定的(　　　　　　)。

3. 在装配图上标注滚动轴承与轴和外壳孔的配合时,只需标注(　　　　　)和(　　　　　)的公差带代号。

4. 滚动轴承按其承受负荷的方向,分为(　　　　　)轴承、(　　　　　)轴承和(　　　　　)轴承。

5. 滚动轴承是标准件,其外圈与壳体孔的配合应采用(　　　　)制,其内圈与轴颈的配合应采用(　　　　)制。

6. 一般对齿轮传动的要求有(　　　　　)、(　　　　　)、(　　　　　)和(　　　　　)。

7. 传动平稳性的综合指标有(　　　　　)和(　　　　　)。

8. 齿距偏差包括(　　　　)、(　　　　)和(　　　　);齿廓偏差包括(　　　　)、(　　　　)和(　　　　)。

9. 为评定齿轮的三项精度,国标规定的应检指标是(　　　　　)、(　　　　　)和(　　　　　)。为了评定齿轮的齿厚减薄量,常用的指标是(　　　　　)或(　　　　　)。

10. 评定齿轮传递运动准确性精度的应检指标是(　　　　　),评定齿轮传动平稳性的精度应检指标是(　　　　)和(　　　　)。

第6章　测量技术基础

6.1　学习指导

6.1.1　重点与难点

本章重点与难点如下：

(1) 掌握测量中的有关概念、术语和量块的基本知识；

(2) 了解计量器具的分类，掌握计量器具的基本度量指标和测量方法；

(3) 掌握测量误差的含义和数据处理的基本方法。

6.1.2　知识体系

1. 测量的概念及量块

测量是指为确定被测量的量值而进行的实验过程。一个完整的测量过程包括测量对象、计量单位、测量方法和测量精度四个要素。

量块为长方六面体结构，有两个粗糙度小、黏合性好的平行测量面，测量面间具有精确的尺寸。量块的精度有两种规定：按"级"划分为五级，即0、1、2、3和K级，其中0级精度最高，3级精度最低，K为校准级；按"等"划分为1～6等，精度依次降低。量块按"级"使用时，以标记公称尺寸为准，包含量块制造误差；量块按"等"使用时，以实际尺寸为准，排除了制造误差。使用时常常用几块量块组合成所需尺寸，尽量使用最少数量的量块，并按照由后向前逐步消去最末尾数的方法选用。

2. 计量器具及测量方法

计量器具按用途可分为标准、通用和专用计量器具；按结构和工作原理可分为机械式、光学式、气动式、电动式、光电式等。计量器具的使用取决于计量器具本身的基本度量指标和固有内在特性，基本度量指标包含分度值、测量和示值范围、示值误差、不确定度以及灵敏度等。只有明确基本度量指标，才能正确合理地选择和使用计量器具。

测量方法可分为直接测量和间接测量，绝对测量和相对测量，接触测量和非接触测量，单项测量和多项测量，在线(主动)测量和离线(被动)测量，等精度测量和不等精度测量。测量方法的选择主要考虑测量目的、工件尺寸、精度要求、材质等因素，测量器具的选择主要考虑测量范围、示值范围、刻度值、测量力等因素。

3. 测量误差及数据处理

测量误差有绝对误差和相对误差，被测量的测量值与真值之差为绝对误差，被测量的绝对误差的绝对值与其测量值或真值的比值为相对误差。相对误差愈小，测量精度愈高。长度测量中，通常采用绝对误差。误差通常来源于计量器具、标准器具、测量方法、环境和人为因素等方面。

测量误差可分为系统误差、随机误差和粗大误差。系统误差可以被发现、消除或修正。随机误差不能被消除，只能估计其数值范围，减弱其对测量结果的影响。粗大误差被识别后，应当剔除对应的测量数据。

6.2 典 型 例 题

1. 测量及其实质是什么？一个完整的测量过程包括哪几个要素？

答：测量是指为确定被测量的量值而进行的实验过程，其实质是将被测几何量 L 与复现计量单位 E 的标准量进行比较，从而确定比值 q 的过程，即 $q = L/E$ 或 $L = qE$。一个完整的测量过程应包括以下四个要素：测量对象、计量单位、测量方法和测量精度。

2. 长度的基本单位是什么？机械制造和精密测量中常用的长度单位是什么？

答：长度的基本单位是米(m)。机械制造中常用的长度单位为毫米(mm)；1 mm = 10^{-3}m。精密测量时，多采用微米(μm)为单位。

3. 什么是尺寸传递系统？为什么要建立尺寸传递系统？

答：为了把米的定义传递到实际测量中使用的各种计量器具上去，建立了长度量值传递系统。在实际生产和科研中，不便于用光波作为长度基准进行测量，而是采用各种计量器具进行测量。为了保证量值统一，必须把长度基准的量值准确地传递到生产中应用的计量器具和工件上去。因此，必须建立一套从长度的最高基准到被测工件的严密而完整的长度量值传递系统。

4. 量块的"级"和"等"是根据什么划分的？按"级"和按"等"使用有何不同？

答：国标 GB/T 6093 按制造精度将量块分为 K、0、1、2、3 共五级，国家计量局标准 JJG 146《量块检定规程》按检定精度将量块分为 1～6 等。

量块按"级"使用时，是以量块的标称长度为工作尺寸的，该尺寸包含了量块的制造误差，它们将被引入到测量结果中。但因不需要加修正值，故使用较方便。量块按"等"使用时，不再以标称长度作为工作尺寸，而是用量块经检定后所给出的实测中心长度作为工作尺寸，该尺寸排除了量块的制造误差，仅包含检定时较小的测量误差。

5. 计量器具的基本度量指标有哪些？

答：计量器具的基本度量指标主要有以下几项：分度值(刻度值)、刻度间距 c、示值范围、测量范围、灵敏度、测量力、示值误差、示值变动、回程误差(滞后误差)和不确定度。

6. 何为测量误差？其主要来源有哪些？

答：测量误差 δ 是指测得值 x 与真值 Q 之差，即 $\delta = x - Q$。测量误差的主要来源有：计量器具误差、测量方法误差、测量环境误差和人员误差。

7. 我国法定的平面角角度单位有哪些？

答：我国法定计量单位规定平面角的角度单位为弧度(rad)及度(°)、分(′)、秒(″)。

8. 何为随机误差、系统误差和粗大误差？三者有何区别？如何进行处理？

答：随机误差是指在一定测量条件下，多次测量同一量值时，其数值大小和符号以不可预定的方式变化的误差。系统误差是指在一定测量条件下，多次测量同一量时，误差的大小和符号均不变或按一定规律变化的误差。粗大误差是指由于主观疏忽大意或客观条件发生突然变化而产生的误差。随机误差是由测量中的不稳定因素综合形成的，是不可避免的。系统误差是有规律可寻的。在正常情况下，一般不会产生粗大误差。随机误差分布服从统计规律，所以它的处理按统计学方法进行。系统误差处理的关键在于发现系统误差，如果找到系统误差的规律，可以用加修正值等方法进行消除。粗大误差的判断常用 3σ 准则，如果有，要在测量中剔除。

9. 试从 83 块一套的量块中，同时组合下列尺寸：48.98 mm，29.875 mm，10.58 mm。

解：

$$48.98\text{mm} = (1.48 + 5.5 + 2 + 40)\text{ mm}$$
$$29.875\text{mm} = (1.005 + 1.37 + 7.5 + 20)\text{ mm}$$
$$10.58\text{mm} = (1.08 + 9.5)\text{ mm}$$

10. 用比较仪对某尺寸进行了 15 次等精度测量，测得值如下：20.216，20.213，20.215，20.214，20.215，20.215，20.217，20.216，20.213，20.215，20.216，20.214，20.217，20.215，20.214。假设已消除了定值性系统误差，试求其测量结果。

解：(1) 计算测量列的算术平均值 $\bar{x}$：

$$\bar{x} = \frac{1}{n}\sum_{i=1}^{n}x_i = \frac{1}{15}\sum_{i=1}^{15}x_i = 20.215 \text{ mm}$$

(2) 计算剩余误差 v_i，列入表 6-1。

表 6-1

序号	测得值 x_i (单位 mm)	剩余误差 $v_i = (x_i - \bar{x})$ (单位 μm)	剩余误差的平方 v_i^2 (单位 μm²)
1	20.216	+1	1
2	20.213	−2	4
3	20.215	0	0
4	20.214	−1	1
5	20.215	0	0
6	20.215	0	0
7	20.217	+2	4
8	20.216	+1	1
9	20.213	−2	4
10	20.215	0	0
11	20.216	+1	1
12	20.214	−1	1
13	20.217	+2	4
14	20.215	0	0
15	20.214	−1	1
	$\bar{x}=\frac{1}{15}\sum_{i=1}^{15}x_i=20.215$	$\sum_{i=1}^{15}v_i=0$	$\sum_{i=1}^{15}v_i^2=22$

(3) 判断变值系统误差。根据剩余误差观察法判断，由于该测量列中的剩余误差大体上正负相间，无明显的变化规律，所以认为无变值系统误差。

(4) 计算标准偏差 σ：

$$\sigma \approx \sqrt{\frac{\sum\limits_{i=1}^{n} v_i^2}{n-1}} = \sqrt{\frac{\sum\limits_{i=1}^{15} v_i^2}{15-1}} = \sqrt{\frac{22}{14}}\mu m \approx 1.25$$

单次测量的极限误差 $\delta_{\lim}$ 为

$$\delta_{\lim} = \pm 3\sigma = \pm 3 \times 1.25 \ \mu m = \pm 3.75 \ \mu m$$

(5) 判断粗大误差。用拉依达(3σ)准则判断，由测量列剩余误差可知，$|v_i| < 3.75 \ \mu m$，故不存在粗大误差。

(6) 计算测量列算术平均值的标准偏差 $\sigma_{\bar{x}}$：

$$\sigma_{\bar{x}} = \frac{\sigma}{\sqrt{n}} = \frac{1.25}{\sqrt{15}} \ \mu m \approx 0.323 \ \mu m$$

算术平均值的极限误差 $\delta_{\lim(\bar{x})}$ 为

$$\delta_{\lim(\bar{x})} = \pm 3\sigma_{\bar{x}} = \pm 3 \times 0.323 \ \mu m = \pm 0.97 \ \mu m$$

(7) 测量结果：

$$Q = \bar{x} \pm 3\sigma_{\bar{x}} = 20.215 \pm 0.001 \ \mu m$$

置信概率 $P = 99.73\%$。

6.3　本　章　习　题

一、判断题

1. 精确的计量器具可以测得被测量的真值。　　　　　　　　　　　　　（　　）
2. 最高级的量块和最高等的量块制造精度相等，可以互相代替。　　　　（　　）
3. 使用的量块数目越多，组合出的尺寸结果精度越低。　　　　　　　　（　　）
4. 相对误差没有量纲，绝对误差有量纲。　　　　　　　　　　　　　　（　　）
5. 用多次测量的算术平均值表示测量结果，可以减少随机误差数值。　　（　　）
6. 粗大误差和定值系统误差可以消除，变值系统误差和随机误差只能减小影响却无法消除。　　　　　　　　　　　　　　　　　　　　　　　　　　　　　　　（　　）
7. 百分表测量长度尺寸时，对应的测量方法为绝对测量法。　　　　　　（　　）
8. 一般来说，分度值越小，计量器具的精度越高。　　　　　　　　　　（　　）
9. 测量仪器越精密，灵敏度越小。　　　　　　　　　　　　　　　　　（　　）
10. 精度和误差是两个相对的概念，误差大，精度低；反之，则精度高。（　　）

二、选择题

1. 在加工完毕后对被测零件几何量进行测量，此方法称为(　　)。

A. 接触测量　　　　　　　　　　B. 静态测量

C. 综合测量　　　　　　　　　　D. 被动测量

2. 使螺旋测微器的测微螺杆与测砧相接触，发现微分筒的零线与固定套筒的中线没有对齐，则表明存在(　　)。

A. 系统误差　　　　　　　　　　B. 随机误差

C. 粗大误差　　　　　　　　　　D. 相对误差

3. 抽检一批零件，若对测量结果分析后显示系统误差和随机误差都很小，假定已剔除了粗大误差，则可认为这批零件(　　)。

A. 精密度高　　　　　　　　　　B. 正确度高

C. 准确度高　　　　　　　　　　D. 精确度高

4. 在等精度精密测量中，多次重复测量同一量值是为了减小(　　)影响。

A. 系统误差　　　　　　　　　　B. 随机误差

C. 粗大误差　　　　　　　　　　D. 绝对误差

5. 下列量具中属于标准量具的是(　　)。

A. 钢直尺　　　　　　　　　　　B. 量块

C. 游标卡尺　　　　　　　　　　D. 光滑极限量规

6. 关于计量器具的示值误差和测量精度之间的关系，下列说法中正确的是(　　)。

A. 测量精度与示值误差无关

B. 测量精度完全由示值误差确定，而与其他因素无关

C. 在其他条件相同的情况下，示值误差越小，测量精度越低

D. 在其他条件相同的情况下，示值误差越小，测量精度越高

7. 关于测量误差的概念，下列说法中正确的是(　　)。

A. 任何测量方法都存在着测量误差

B. 对同一被测几何量重复进行多次测量，其测得值均不相同

C. 用绝对误差来评定测量误差比用相对误差评定准确

D. 相对误差的单位应与被测量的单位相同

8. 利用百分表测量工件的长度尺寸，所采用的方法是(　　)。

A. 绝对测量　　　　　　　　　　B. 相对测量

C. 间接测量　　　　　　　　　　D. 动态测量

9. 下列测量中精度最高的是(　　)。

A. 真值为 20 mm，测量值为 20.02 mm

B. 真值为 20 mm，测量值为 19.95 mm

C. 真值为 10 mm，测量值为 9.5 mm

D. 真值为 10 mm，测量值为 10.03 mm

10. 量块是一种精密量具，应用较为广泛，但它不能用于(　　)。

A. 长度测量时作为比较测量的标准　　B. 检验其他计量器具

C. 精密机床的调整　　　　　　　　　D. 评定表面粗糙度

三、填空题

1. 测量过程包括(　　　　)、(　　　　)、(　　　　)和(　　　　)四个要素。我国法定计量单位是以(　　　　)为基础确定的。

2. 量块按制造精度分(　　　　)级,按检定精度分(　　　　)等。

3. 计量器具可分为(　　　　)、(　　　　)、(　　　　)和(　　　　)。计量器具的分度值是指(　　　　)。

4. 测量就是把被测量与(　　　　)进行比较,从而确定被测量的过程。间接测量是指通过测量与被测尺寸有一定(　　　　)的其他尺寸,然后通过(　　　　)获得被测尺寸量值的方法。间接测量法存在(　　　　)误差,仅用在不能或不宜采用(　　　　)的场合。

5. 测量过程可分为(　　　　)和(　　　　)。前者是指在所用的(　　　　)、(　　　　)、测量条件和(　　　　)都不变的条件下对某一量的多次重复测量。

6. 测量误差按其特性可分为(　　　　)误差、(　　　　)误差和(　　　　)误差。其中系统误差可分为(　　　　)误差和(　　　　)误差。

7. 单次测量之间误差无确定的规律,而多次重复测量它们的误差又有一定的规律,这种测量误差称为(　　　　)。粗大误差是指超出(　　　　)的误差。测量时必须根据判断粗大误差的(　　　　)予以确定,然后给予(　　　　)。

8. 随机误差是指在相同条件下,多次测量同一量值时,(　　　　)和(　　　　)以(　　　　)的方式变化的误差。常用(　　　　)和(　　　　)对随机误差进行处理。

四、名词解释

1. 测量。

2. 量规。

3. 灵敏度。

4. 相对误差。

5. 随机误差。

五、简答题

1. 测量过程包括哪四个因素？

2. 量块是怎样分级、分等的？使用时有何区别？

3. 计量器具的分类有哪些？测量方法的分类有哪些？

4. 什么叫测量误差？其主要来源有哪些？

5. 测量误差按出现的规律可分为哪三类？各有什么特征？

6. 系统误差、随机误差和粗大误差在测量中是如何处理的？

六、计算题

1. 对某一尺寸进行等精度测量 150 次，测得最大值为 60.06 mm，最小值为 60.00 mm，假设测量误差符合正态分布，求测得值落在 60.01 mm～60.02 mm 之间的概率是多少。

2. 用某一测量方法在等精度情况下对某一试件测量了 4 次，其测得值如下：20.001 mm、20.002 mm、20.000 mm、19.999 mm。若已知单次测量的标准偏差为 0.5 μm，求测量结果及极限误差。

3. 三个量块的实际尺寸和检定时的极限误差分别为 20 ± 0.0003 mm，1.005 ± 0.0003 mm，1.48 ± 0.0003 mm，试计算这三个量块组合后的尺寸和极限误差。

附录　模拟试卷

模拟试卷一

一、填空题(每空 1 分，共 20 分)

1. 按照互换的范围，互换性可以分为(　　　　)和功能互换；实现互换性的前提是(　　　　)。国标规定以十进制(　　　　)数列为优先数系，其中 R10 的公比为(　　　　)。

2. 极限偏差是指(　　　　)所得的代数差；尺寸公差是指(　　　　)；尺寸公差带的大小和位置分别由(　　　　)和(　　　　)决定。

3. $\phi 30F7/h7$ 表示(　　　　)为 30 mm 的基(　　　　)制(　　　　)配合。其中 F7、h6 是(　　　　)，F、h 是(　　　　)，7、6 为(　　　　)。

4. 位置度公差具有综合控制被测要素形状、(　　　　)和(　　　　)的功能；公差原则中，最大实体要求下允许(　　　　)补偿(　　　　)；包容要求下被测要素遵守(　　　　)边界，最大实体要求下被测要素遵守(　　　　)边界。

二、选择题(每题 2 分，共 20 分)

1. 比较孔或轴的加工难易程度的高低是根据(　　　)。
   A. 公差值的大小
   B. 标准公差因子
   C. 公差等级系数的大小
   D. 基本尺寸的大小

2. $\phi 50F6$、$\phi 50F7$ 和 $\phi 50F8$ 三个公差带的(　　　)。
   A. 上偏差相同而下偏差不相同
   B. 下偏差相同而上偏差不相同
   C. 上偏差不相同而下偏差相同
   D. 上、下偏差各不相同

3. 基本偏差代号为 a～h 的轴与基本偏差代号为 H 的孔配合属于(　　　)。
   A. 基孔制间隙配合
   B. 基轴制间隙配合
   C. 基孔制过渡配合
   D. 基孔制过盈配合

4. 以下各组配合中，配合性质相同的为(　　　)。
   A. $\phi 30H7/f6$ 和 $\phi 30H8/p7$
   B. $\phi 30P8/h7$ 和 $\phi 30H7/p8$
   C. $\phi 30M8/h7$ 和 $\phi 30H8/m7$
   D. $\phi 30H8/m7$ 和 $\phi 30H7/m6$

5. 孔、轴配合 $X_{max} = +54$ μm，$EI = 0$，$ei = -33$ μm，轴尺寸公差为 13 μm，则配合公差为(　　　)。

A. 41 μm   B. 34 μm   C. 32 μm   D. 39 μm

6. 对同一被测要素提出多项几何公差要求,其形状公差值 t_1 与位置公差值 t_2 满足( )。

A. $t_1 < t_2$ B. $t_1 \geq t_2$ C. $t_1 > t_2$ D. $t_1 \leq t_2$

7. 为保证使用要求,应规定轴键槽中心平面对其基准轴线的( )。

A. 平行度公差   B. 垂直度公差

C. 对称度公差   D. 倾斜度公差

8. 某阶梯轴上的实际被测轴线各点距基准轴线的距离最近为 2 μm,最远为 4 μm,则同轴度误差值为( )。

A. $\phi 2$ μm   B. $\phi 8$ μm   C. $\phi 4$ μm   D. $\phi 6$ μm

9. 当最大实体要求应用于被测要素时,被测要素的形位公差能够得到补偿的条件是( )。

A. 实际尺寸偏离最大实体尺寸

B. 实际尺寸偏离最大实体实效尺寸

C. 体外作用尺寸偏离最大实体尺寸

D. 体外作用尺寸偏离最大实体实效尺寸

10. 表面粗糙度是一种( )。

A. 位置误差   B. 表面波纹度   C. 微观几何形状误差   D. 宏观几何形状误差

三、计算题(15 分)

已知基本尺寸为 $\phi 25$,IT6 = 13 μm,IT7 = 21 μm,轴 $\phi 25$p6 的基本偏差 ei = +22 μm。

(1) 计算 $\phi 25$H7/p6 的最大与最小间隙或过盈以及配合公差。(5 分)

(2) 求其同名配合 $\phi 25$P7/h6 的极限偏差并画出公差带图。(10 分)

四、简答题(15 分)

1. 简要描述采用作图法时,两端点连线法评定直线度误差的步骤。(5 分)

2. 简要描述采用三点法和对角线法求解平面度误差的步骤。(10 分)

五、改错题(共 10 分)

试改正所示图样上的形位公差标注错误，不允许改变形位公差特征项目，正确的形位公差标注不要修改。(用直尺和铅笔在答卷上重新画图和标注)

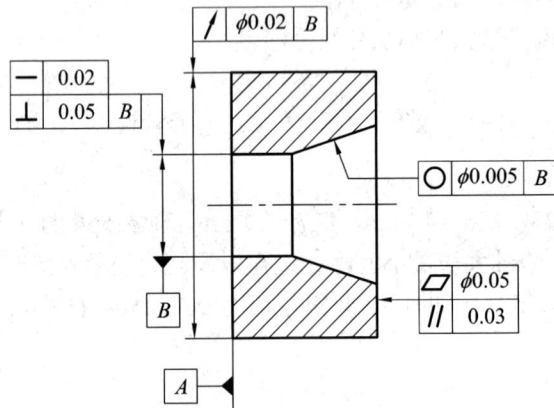

六、标注题(共 10 分)

试将下列技术要求标注在下图上。

(1) $\phi1$ 轴和 $\phi2$ 轴的轴线分别为基准 A 和 B；(1 分)

(2) $\phi1$ 轴的左端面平面度公差值为 0.01 mm；(1 分)

(3) $\phi1$ 轴的左端面对 $\phi1$ 轴轴线的跳动公差值为 0.02 mm；(1 分)

(4) $\phi2$ 轴外圆柱面的圆柱度公差值为 0.01 mm；(1 分)

(5) 圆锥面的任意截面圆柱度公差值为 0.05 mm；(1 分)

(6) $\phi2$ 轴轴线相对于 $\phi1$ 轴轴线的同轴度公差值为 0.02 mm；(1 分)

(7) $\phi1$ 轴的左端面采用车削加工工艺，使其表面粗糙度具有单向上限值，$R_z3.2$ μm，遵循最大规则，其它参数默认。(2 分)

(8) 圆锥体右端面采用车削工艺，表面粗糙度的上限 $R_a1.6$ μm，遵循最大规则，下限 $R_a0.8$ μm，其它参数默认。(2 分)

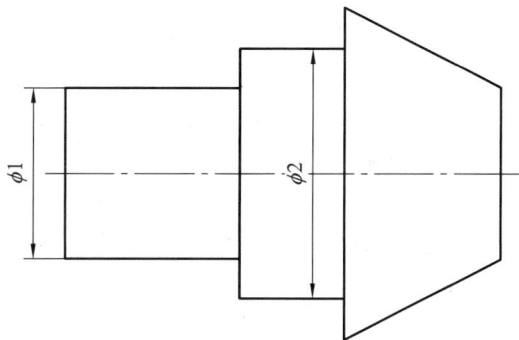

七、公差原则与公差要求题 (每空 1 分，共 10 分)

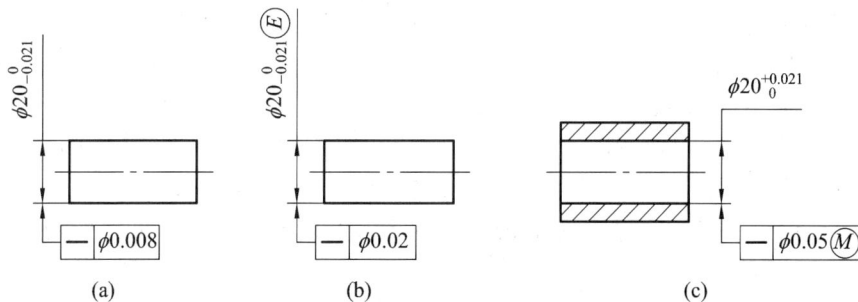

试按列表要求填写下表。

图例	采用公差原则	边界及边界尺寸	给定的形位公差值	可能允许的最大形位误差值
(a)		无	$\phi0.008$	
(b)				
(c)				

模拟试卷二

一、填空题(每题 2 分，共 20 分)

1. 互换性应该同时具备的三个条件：第一( )，第二不需辅助加工和修配，第三( )。

2. 按照零、部件的互换性程度分类，互换性可以分为( )和( )。

3. 已知 IT7 = 16i，IT8 = 25i，所以 IT7.5 = ( )。

4. 优先数系( )系列的公比是 1.25，该系列的优先数每隔( )项数值增加为原来的 10 倍。

5. 圆柱结合(包括平行平面的结合)根据使用要求的不同可以分为( )、( )和用作定心可拆卸连接。

6. 基孔制配合是指在国家标准中孔的最小极限尺寸与( )相等，孔的( )为零的一种配合制。

7. 形状公差带只有( )和( )的要求，而没有方向的要求。

8. 包容要求表示实际要素应遵守( )边界，其局部实际尺寸不得超出( )尺寸。

9. 国标规定表面粗糙度的主要幅度(高度)评定参数 Ra 为( )，Rz 为( )。

10. 滚动轴承内圈与轴颈配合采用基( )制( )配合，外圈与外壳孔配合采用基( )制( )配合。

二、选择题(每题 2 分，共 20 分)

1. 比较孔或轴的加工难易程度是根据( )。

A. 公差值的大小   B. 公差等级系数的大小

C. 标准公差因子   D. 基本尺寸的大小

2. $\phi50f6$，$\phi50f7$ 和 $\phi50f8$ 三个公差带的( )。

A. 上偏差相同且下偏差相同   B. 上偏差相同而下偏差不相同

C. 上偏差不相同而下偏差相同   D. 上、下偏差各不相同

3. 孔、轴配合的最大间隙为 +54 μm，孔的下偏差为零，轴的下偏差为 −33μm，轴的公差为 13 μm，则配合公差为( )。

A. 34 μm   B. 41 μm

C. 32 μm   D. 39 μm

4. 为保证使用要求，应规定轴键槽中心平面对其基准轴线的( )。

A. 平行度公差   B. 垂直度公差

C. 倾斜度公差   D. 对称度公差

5. 下列有关尺寸公差、形位公差和表面粗糙度的关系式中正确的是( )。

A. $T_{尺寸} > T_{位置} > T_{形状} >$ 表面粗糙度   B. $T_{位置} > T_{形状} > T_{尺寸} >$ 表面粗糙度

C. $T_{尺寸} > T_{形状} > T_{位置} >$ 表面粗糙度   D. $T_{位置} >$ 表面粗糙度 $> T_{形状} > T_{尺寸}$

6. 某阶梯轴上的实际被测轴线各点距基准轴线距离最近为 2 μm，最远为 4 μm，则同

轴度误差为( )。

    A. $\phi 2\ \mu m$ B. $\phi 4\ \mu m$ C. $\phi 8\ \mu m$ D. $\phi 6\ \mu m$

7. 以下各组配合中，配合性质相同的有( )。

    A. $\phi 30H7/f6$ 和 $\phi 30H8/p7$ B. $\phi 30P8/h7$ 和 $\phi 30H7/p8$

    C. $\phi 30M8/h7$ 和 $\phi 30H8/m7$ D. $\phi 30H8/m7$ 和 $\phi 30H7/m6$

8. 关于表面粗糙度的选用原则，表述错误的是( )。

    A. 同一公差等级，小尺寸比大尺寸的表面粗糙度值要小

    B. 尺寸公差和形位公差值越小，表面粗糙度的 Ra 或 Rz 值应越小

    C. 间隙配合比过盈配合的表面粗糙度值要大

    D. 同一公差等级，轴比孔的的表面粗糙度值要小

9. 滚动轴承内圈与轴，外圈与轴承孔之间起配合作用的是( )。

    A. 公称直径   B. 平均直径

    C. 单一直径   D. 实际直径

10. 滚动轴承与轴颈、外壳配合时的选用首要依据是( )。

    A. 负荷类型   B. 轴承工作条件

    C. 轴承材料   D. 负荷大小

三、计算题(3 个小题，共 30 分)

1. 已知基本尺寸 $\phi 25$，IT6 $= 13\ \mu m$，IT7 $= 21\ \mu m$，轴 $\phi 25p6$ 的基本偏差 ei $= +22\ \mu m$。

(1) 计算 $\phi 25H7/p6$ 的最大与最小间隙或过盈以及配合公差。(4 分)

(2) 求其同名配合 $\phi 25P7/h6$ 的极限偏差。(6 分)

(3) 画出 $\phi 25P7/h6$ 的公差带图与配合公差带图。(4 分)

2. 用分度值为 0.02 mm/m 的水平仪测量某导轨的直线度误差，桥板跨距为 200 mm，等距布点 6 个，依次测得各点的相对格示值为 0，+1，0，−2，−1，+1。试用两端连线法和最小条件法来分别评定直线度误差值。要求图形大致比例准确。(8 分)

3. 下图为对某平板用打表法测得平面度误差的原始数据(μm)，试用对角线法求这块平板的平面度误差值。(8 分)

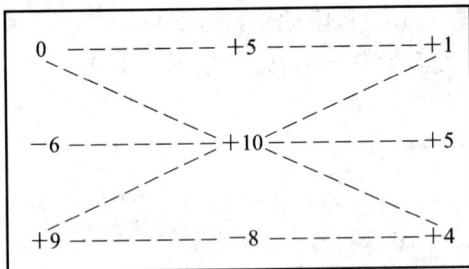

四、改错题(共 10 分)

试改正所示图样上的形位公差标注错误，不允许改变形位公差特征项目，正确的形位公差标注不要修改。(用直尺和铅笔在答卷上重新画图和标注)

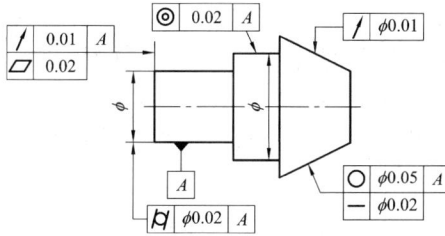

五、标注题(共 10 分)

试将下列技术要求标注在下图上。

(1) ϕ30K7 和 ϕ50M7 采用包容原则。(2 分)

(2) 底面 F 的平面度公差为 0.02 mm；ϕ30K7 孔和 ϕ50M7 孔的内端面对它们的公共轴线的圆跳动公差为 0.04 mm。(2 分)

(3) 6-ϕ11H10 对 ϕ50M7 孔的轴线和 F 面的位置度公差为 0.05 mm，基准要素的尺寸和被测要素的位置度公差应用最大实体要求。(2 分)

(4) ϕ30K7 和 ϕ50M7 孔采用扩孔工艺，使内表面粗糙度的上限 R_a 为 1.6 μm，遵循最大规则，下限 R_a 为 0.8 μm，其它参数默认。(2 分)

(5) 上下两个端面采用车削加工工艺，使其表面粗糙度具有单向上限值，R_z 为 3.2 μm，遵循最大规则，其它参数默认。(2 分)

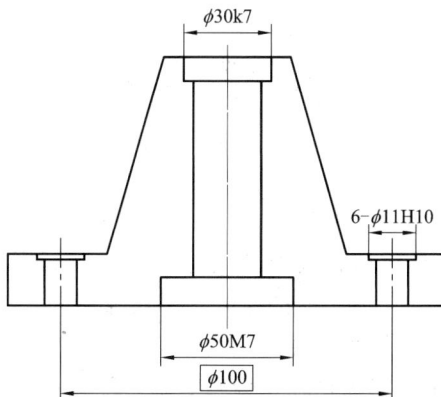

六、公差原则与公差要求题(共 10 分)

(1) 被测轴的最大和最小实体尺寸分别是多少？(2 分)

(2) 被测轴处于最大和最小实体状态时，其轴线垂直度误差允许达到的最大值是多少？(2 分)

(3) 若轴销加工的横截面形状正确，实际尺寸为$\phi 29.995$ mm，其轴线垂直度误差值为$\phi 0.037$ mm，判断该轴销是否合格。(2 分)

(4) 画出轴销轴线垂直度误差允许值随轴销直径实际尺寸变化规律的动态公差图。(4 分)

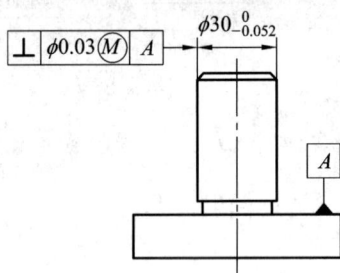

模拟试卷三

一、判断题(共 10 分，每题 1 分)

1. 若某配合的最大间隙为 15 μm，配合公差为 41 μm，则该配合一定是过渡配合。(　　)

2. 按同一图样加工一批孔，各个孔的体外作用尺寸相同。(　　)

3. 形位公差的评定应符合最小条件。(　　)

4. 螺旋线总偏差的大小反映齿轮载荷分布的均匀性。(　　)

5. 最大极限尺寸一定大于基本尺寸，最小极限尺寸一定小于基本尺寸。　　　　（　）

6. 基准孔的基本偏差为上偏差，基准轴的基本偏差为下偏差。　　　　　　　（　）

7. 零件的最大实体尺寸一定大于其最小实体尺寸。　　　　　　　　　　　　（　）

8. 基本偏差为 a～h 的轴与基本偏差为 H 的孔可构成基孔制的间隙配合。　（　）

9. 比较不同尺寸的精度，取决于标准公差因子 i 的大小。　　　　　　　　（　）

10. 当最大实体要求应用于被测要素时，被测要素的尺寸公差可补偿给形状误差，形位误差的最大允许值应小于给定的公差值。　　　　　　　　　　　　　　　　（　）

二、单项选择题(共 20 分，每题 2 分)

1. 下列论述正确的有(　　　)。

A. 给定方向上的线位置度公差值前应加注符号"ϕ"

B. 任意方向上线倾斜度公差值前应加注符号"ϕ"

C. 标注斜向圆跳动时，指引线箭头应与轴线垂直

D. 标注圆锥面的圆度公差时，指引线箭头应指向圆锥轮廓面的垂直方向

2. 某孔 $\phi10^{+0.015}_{0}$ Ⓔ，则(　　　)。

A. 被测要素遵守 MMVC 边界

B. 当被测要素尺寸为 $\phi10$ mm 时，允许形状误差最大可达 0.015 mm

C. 当被测要素尺寸为 $\phi10.01$ mm 时，允许形状误差可达 0.01 mm

D. 局部实际尺寸应大于或等于最小实体尺寸

3. 下列公差带形状相同的是(　　　)。

A. 轴线对轴线的平行度与面对面的平行度

B. 径向圆跳动与圆度

C. 同轴度与径向全跳动

D. 轴线的直线度与导轨的直线度

4. 以下各组配合中，互为同名配合的是(　　　)。

A. $\phi50$H7/f6 和 $\phi50$H8/p7

B. $\phi50$P8/h7 和 $\phi50$h8/P7

C. $\phi50$M8/h7 和 $\phi30$H8/m7

D. $\phi50$H7/m6 和 $\phi50$M7/h6

5. 30g6 与 30g7 两者的区别在于(　　　)。

A. 基本偏差不同

B. 下偏差相同，而上偏差不同

C. 上偏差相同，而下偏差不同

D. 公差值相同

6. 当对同一被测要素提出多项形位公差要求时，其形状公差值与位置公差值之间的关系为(　　　)。

A. 形状公差值＞位置公差值　　　　　B. 形状公差值≥位置公差值

C. 形状公差值＜位置公差值　　　　　D. 形状公差值≤位置公差值

7. 径向全跳动公差带形状、圆度公差带形状、径向圆跳动的公差带形状三者相比，( )。

  A. 前两者公差带形状相同   B. 三者都相同

  C. 后两者公差带形状相同   D. 三者都不同

8. 下列论述中正确的是( )。

  A. 对于轴的基本偏差，从 a～h 为上偏差 es，且为负值或零

  B. ϕ20g8 比 ϕ20h7 的精度高

  C. 基本偏差的数值与公差等级均无关

  D. 国家标准规定不允许孔、轴公差带组成非基准制配合

9. 评定齿轮传动平稳性的必检指标是( )。

  A. 螺旋线总偏差   B. 齿廓总偏差

  C. 齿厚极限偏差   D. 齿距累积偏差

10. 某滚动轴承的内圈转动、外圈固定，则当它受方向固定的径向负荷作用时，外圈所受的是( )。

  A. 局部负荷   B. 摆动负荷   C. 循环负荷

三、填空题(共 10 分，每空 1 分)

1. 当包容要求用于单一要素时，被测要素必须遵守( )。

2. 公差原则是指( )。

3. 位置度公差是控制能力最强的指标之一，可综合控制形状公差、( ) 和( )。

4. 滚动轴承内圈与轴颈的配合采用基( )制( )配合，外圈与外壳孔的配合采用基( )制( )配合。

5. 某孔尺寸为 $\phi40^{+0.119}_{+0.030}$ Ⓔ mm，实测得其尺寸为 ϕ40.09 mm，则其允许的形位误差数值是( )mm，当孔的尺寸是( )mm 时，允许达到的形位误差数值为最大。

四、计算题(共 30 分)

1. 已知基孔制配合中 ϕ45H7/s6，孔和轴的公差分别为 25 μm 和 16 μm，轴的基本偏差为 +43 μm，不用查表法，确定配合性质不变的同名基轴制配合 ϕ45S7/h6 的极限偏差，并画出公差带图与配合公差带图。(15 分)

2. 下图为对某平板用水平仪测得的平面度误差的原始数据(μm)，试用对角线法求该平板的平面度误差值。(15 分)

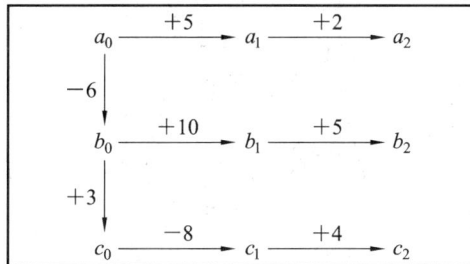

五、标注题(14 分)

试将下列技术要求标注在下图上。

(1) $\phi30K7$ 和 $\phi50M7$ 采用包容原则。(2 分)

(2) 底面 F 的平面度公差为 0.02 mm；$\phi30K7$ 孔和 $\phi50M7$ 孔的内端面对它们的公共轴

线的圆跳动公差为 0.04 mm。(3 分)

(3) ϕ30K7 孔和 ϕ50M7 孔对它们的公共轴线的同轴度公差为 0.03 mm。(2 分)

(4) 6-ϕ11H10 对 ϕ50M7 孔的轴线和 F 面的位置度公差为 0.05 mm，基准要素的尺寸和被测要素的位置度公差应用最大实体要求。(3 分)

(5) ϕ30K7 和 ϕ50M7 孔采用扩孔工艺，使内表面粗糙度的上限 R_a 为 1.6 μm，遵循最大规则，下限 R_a 为 0.8 μm，其它参数默认。(2 分)

(6) 上下两个端面采用车削加工工艺，使其表面粗糙度具有单向上限值，R_z 为 3.2 μm，遵循最大规则，其它参数默认。(2 分)

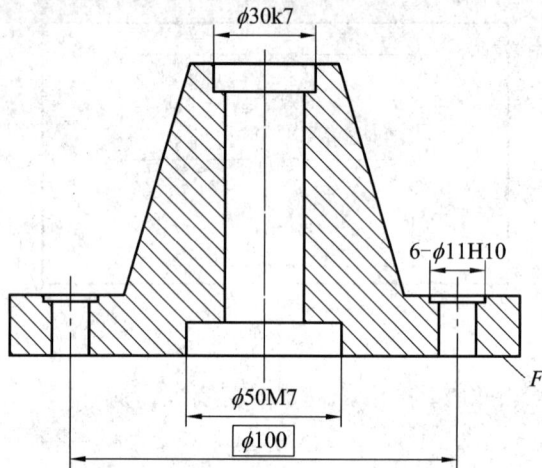

六、公差原则与公差要求题(共 16 分，每空 2 分)

如下图所示，试按要求填空并回答问题。

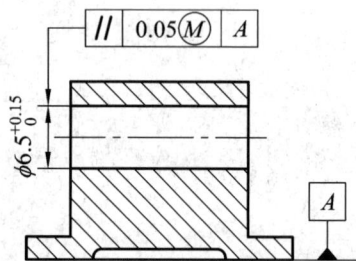

(1) 当孔处在最大实体状态时，孔的轴线对基准平面 A 的平行度公差为(　　　　)mm。

(2) 当孔处在最小实体状态时，孔的轴线对基准平面 A 的平行度公差为(　　　　) mm。

(3) 孔的局部实际尺寸必须在(　　　　)mm 至(　　　　) mm 之间。

(4) 孔的直径均为(　　　　)时，孔轴线对基准 A 的平行度公差为 0.15 mm。

(5) 有一实际孔，测得其孔径为 ϕ6.55 mm，孔轴线对基准 A 的平行度误差为 0.12 mm。问该孔是否合格，为什么(　　　　　　　　　　　　　　　　)。

(6) 孔的最大实体实效尺寸为(　　　　)mm。

模拟试卷四

一、判断题(每题 2 分，共 16 分)

1. 孔和轴的加工精度愈高，则其配合精度也愈高。　　　　　　　　　　( )

2. 选择表面粗糙度评定参数值应尽量小好。　　　　　　　　　　　　　( )

3. 公差通常为正，在个别情况下也可以为负或零。　　　　　　　　　　( )

4. RSm 称为轮廓的支承长度率，是混合参数。　　　　　　　　　　　( )

5. 数字为正的偏差称为上偏差，数字为负的偏差称为下偏差。　　　　　( )

6. 若某圆柱面的圆度误差值为 0.005 mm，则该圆柱面对轴线的径向圆跳动误差值亦不小于 0.005 mm。　　　　　　　　　　　　　　　　　　　　( )

7. 零件的表面粗糙度值越小，则零件的尺寸精度应越高。　　　　　　　( )

8. 对称度的被测中心要素和基准中心要素都应视为同一中心要素。　　　( )

二、单项选择题(每题 2 分，共 16 分)

1. 公差与配合标准的应用，主要是对配合的种类、基准制和公差等级进行合理的选择。选择的顺序应该是( )。

　A. 基准制、公差等级、配合种类　　　　B. 配合种类、基准制、公差等级

　C. 公差等级、基准制、配合种类　　　　D. 公差等级、配合种类、基准制

2. 定向公差带可以综合控制被测要素的( )。

　A. 形状误差和定位误差　　　　　　　　B. 定向误差和定位误差

　C. 形状误差和定向误差　　　　　　　　D. 定向误差和距离尺寸偏差

3. 形位公差带形状是半径差为公差值 t 的两圆柱面之间的区域有( )。

　A. 同轴度　　　　　　　　　　　　　　B. 径向全跳动

　C. 任意方向直线度　　　　　　　　　　D. 任意方向垂直度

4. 在计算标准公差值时，各尺寸段内所有基本尺寸的计算值是用各尺寸段的( )作为该段内所有基本尺寸来计算值的。

　A. 首尾两个尺寸的几何平均值　　　　　B. 所有尺寸的算术平均值

　C. 所有尺寸的几何平均值　　　　　　　D. 首尾两个尺寸的算术平均值

5. 基孔制是指基本偏差为一定的孔的公差带，与不同( )轴的公差带形成各种配合的一种制度。

　A. 基本偏差的　　　　　　　　　　　　B. 基本尺寸的

　C. 实际偏差的　　　　　　　　　　　　D. 精度等级

6. 下列论述正确的是( )。

　A. 孔的最大实体实效尺寸 = D_{max} - 形位公差

　B. 孔的最大实体实效尺寸 = 实际尺寸 - 形位公差

　C. 轴的最大实体实效尺寸 = 最大实体尺寸 + 形位公差

　D. 最大实体实效尺寸 = 最大实体尺寸

7. 基轴制是指基本偏差为一定的轴的公差带，与不同(　　　　)孔的公差带形成各种配合的一种制度。

A. 基本偏差的   B. 基本尺寸的

C. 实际偏差的   D. 精度等级

8. 以下各组配合中，配合性质相同的有(　　　　)。

A. $\phi30H7/f6$ 和 $\phi30H8/p7$

B. $\phi30P8/h7$ 和 $\phi30H8/p7$

C. $\phi30M8/h7$ 和 $\phi30H7/m8$

D. $\phi30H8/m7$ 和 $\phi30H7/f6$

E. $\phi30H7/f6$ 和 $\phi30F6/h7$

三、填空题(每空 1 分，共 12 分)

1. (　　　　　　)数系的公比为(　　　　　　　)，每逢 5 项，数值增大 10 倍。

2. $\phi30F7/h7$ 表示(　　　　　　)为 30 mm 的基(　　　　)(轴或孔)制的(　　　　　　)配合。其中 F7、h6 是(　　　　　)代号，F、h 是(　　　　　)代号，7、6 表示(　　　　　　)。

3. 某孔尺寸为 $\phi40^{+0.119}_{+0.030}$ Ⓔ，实测得其尺寸为 $\phi40.09$ mm，则其允许的形位误差数值是(　　　　　)mm，当孔的尺寸是(　　　　　)mm 时，允许达到的形位误差数值为最大。

4. 在任意方向上，线对面倾斜度公差带的形状是(　　　　　)，线的位置度公差带形状是(　　　　)。

四、计算题(26 分)

已知基本尺寸 $\phi50$，IT6 = 16 μm，IT7 = 25 μm，轴 $\phi50p6$ 的基本偏差 ei = +26 μm，求 $\phi50H7/p6$ 和其同名配合 $\phi50P7/h6$ 的极限偏差。

五、重新画图，改正图中各项公差标注错误，不得改变形位公差项目(共 14 分)

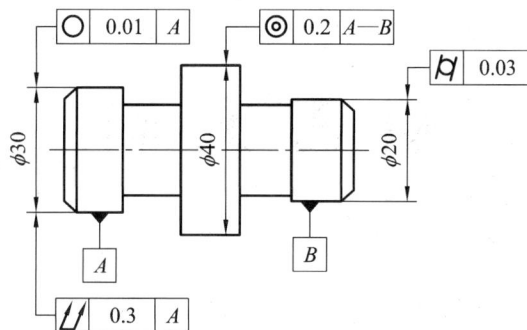

六、公差原则与公差要求题(每空 2 分，共 16 分)

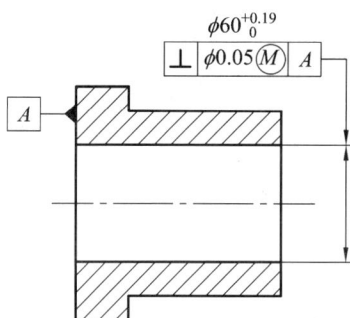

被测要素采用的公差原则是(　　　　)，最大实体尺寸是(　　　　)mm，最小实体尺寸是(　　　　)mm，最大实体实效尺寸是(　　　　)mm，垂直度公差给定值是(　　　　)mm，垂直度公差最大补偿值是(　　　　)mm。设孔的横截面形状正确，当孔实际尺寸处处都为 $\phi560$ mm 时，垂直度公差允许值是(　　　　)mm，当孔实际尺寸处处都为 $\phi560.10$ mm 时，垂直度公差允许值是(　　　　)mm。

参 考 文 献

[1]　宋绪丁. 互换性与几何量测量技术. 3 版. 西安：西安电子科技大学出版社，2019.

[2]　王伯平. 互换性与测量技术基础. 北京：机械工业出版社，2020.

[3]　王宏宇. 互换性与测量技术. 北京：机械工业出版社，2019.

[4]　于雪梅. 互换性与技术测量. 北京：机械工业出版社，2020.

[5]　张彦富. 几何量公差与测量技术基础. 北京：北京航空航天大学出版社，2015.

[6]　周兆元. 互换性与测量技术基础. 北京：机械工业出版社，2019.

[7]　李柱. 互换性与测量技术. 北京：高等教育出版社，2004.

[8]　潘宝俊. 互换性与测量技术基础. 北京：中国标准出版社，1997.